听专家忽悠,不如看看咱们平凡达人的理财经。
取别人的经,理自己的财。

投稿或取经请@白领理财日记

微博地址:http://weibo.com/2024454727

白领理财日记编辑部全家福

班　　　长：邱然，项目总策划，小个子的大女人，总在昏昏欲睡前迸发灵感想到好点子，于是给自己手机发短信记下来，并把自己手机号存为"good idea"。

数学课代表：汤中翰，理财编辑，略带书卷气的男生，喜欢一切新鲜事物的小水瓶一只。爱弗洛伊德，也爱花花世界。

文艺科代表：彭晓蓝，策划编辑，一个很像女人的男人，关心的话题永远是NBA、世界杯、自助游。读书种子一枚，资深影迷一枚，江湖伶仃一枚，老饕吃货又一枚。

语文科代表：杜鹃，执行编辑，超级数字白痴，这个小女人外表看起来又小又善良，其实却又冲动又粗心，哈哈哈！喜欢刑侦剧，喜欢把生活过得跟情景剧一样充满意外和惊喜。

理财科代表：伍乐，理财编辑，而立之年的非成熟男人，数码控，微博控，美食控，各种控。减肥格言是：天生我才，瘦在未来！

宣传委员：郭佳音，伪清新女一只，爱灵异爱恐怖的胆小鬼，爱除小强外的一切家养动物，有生之年的最大愿望是能与哆啦A梦见一面。

组织委员：关欣，市场推广，所有的点评专家都是他组织的哦！靠谱的人爱办设谱儿的事，从富翁投资成了负翁，自此爱理财、爱摄影，最爱组织自驾游。

白领理财日记 2

投资伤不起

MSN理财频道 主编

当代中国出版社
Contemporary China Publishing House

吉林大学出版社

图书在版编目（CIP）数据

白领理财日记2：投资伤不起/MSN理财频道主编.—北京：当代中国出版社，2011.7
ISBN 978-7-5154-0018-1

Ⅰ.①白... Ⅱ.①M... Ⅲ.①财务管理—通俗读物
Ⅳ.①TS976.15-49

中国版本图书馆CIP数据核字（2011）第129499号

出 版 人	周五一
项目策划	邱　然　彭晓蓝
责任编辑	杜英娟
责任校对	张　霆
特邀编辑	伍　乐　汤中翰
营销编辑	郭佳音
装帧设计	古　手　叶丽华
出版发行	当代中国出版社 吉林大学出版社
地　　址	北京市地安门西大街旌勇里8号
网　　址	http：//www.ddzg.net　邮箱：ctrl_m@hotmail.com
邮政编码	100009
编 辑 部	(010)66572353
网络发行	(010)66572353
地面发行	(0431)89580026　89580028　传真：(0431)89580027
印　　刷	三河市耀德印务有限公司
开　　本	720×1020 毫米　1/16
印　　张	16 印张　插图48幅　140千字
版　　次	2011年9月第1版
印　　次	2011年9月第1次印刷
定　　价	36.00元

版权所有，翻版必究；如有印装质量问题，请拨打(010)66572159转出版部。

Contents

第1章 加息不加薪 1

比李白更伤的房奴/2
加息后提前还房贷合适么？/9
疯狂CPI，100元的十年减肥记/16
加息后怎么理财？数学白痴教你！/22
银行短期理财，让我欢喜让我忧/29

第2章 从白领到百万富翁 36

做到这几点你一定是百万富翁/37
5万搏击50万/44
80后曾经的压岁钱变高价收藏品/50
玩微博，我月赚2万/58
人脉等于钱脉，如何进入富人圈？/67
27岁贫困县城女孩北京买房买车记/74

第3章 下海创业，你准备好了么？ 83

我的广州创业之路1/84
我的广州创业之路2/90
下海投资，一定要去自己熟悉的海域/96
绣出一片财富天空/104
钻石淘宝店是这样炼成的/111
谁说车子是消费品？我就用来赚钱！/119

第4章 除了股市基金还能投资什么？ ... 126

只见"白银"滚滚来，晒晒我的炒银经/127
亲子定投的梦想/134
私募操盘手告诉你的内幕/140
墙内开花墙外香，小试牛刀炒美股/147

第5章 保险到底怎么买？ ... 154

4S店销售教你买车险/155
保险有用么？生活比生存更广阔/163
"家财险"保不了"家财"/168
80后MM买保险的历程/175
智斗保险代理人，小熊钱钱这样买保险/180
职业导游告诉你如何买旅游险/186
意外无处不在，意外险那些事儿/193

第6章 理好婚姻这份财 ... 200

电台DJ一家的幸福理财生活/201
怀孕后的理财经/209
离婚让他们财气大伤/216
新婚小夫妻的理财经/222
你不是我的梦中穷人，婚姻就是一场投资/230

附录一 点评机构专家介绍 ... 237
附录二 家庭财富健康体检表 ... 238
附录三 一轩明月常去网赚的网站 ... 240
附录四 北上广代驾（酒吧）地图 ... 242
附录五 北上广钱币交易回收地图 ... 244

第1章 加息不加薪

又加息了，又加息了。几年前，硬着头皮拿了父母和自己辛苦存了很多年的钱贷款买房，钱包被掏空了，每月工资都要拿出很大一部分还贷。现在包包里一分钱都没有的时候，又开始加息了！工资不涨，房贷飞涨，CPI飞涨，我们怎么办？

比李白更伤的房奴

昵称：小李白
年龄：80初
职业：外企经理
薪水：月薪18000元

我叫李铂，但是很多人都喜欢叫我李白，所以我也就自称是这位诗仙的弟弟了。我最近经过考证，有一个重要发现：原来大哥和我一样都是房奴，而且他买的还是一套烂尾楼。你还别不信，有千古名诗为证：

床前明月光——没有窗；

疑是地上霜——门未装；

举头望明月——屋顶敞；

低头思故乡——很受伤。

加的哪门子息？

通胀大潮滚滚而来，吃穿用都百米冲刺，就工资原地踏步，现在还房贷加息。你说我们怎么不比李白大哥更受伤？经常在电视里听到"砖家"出来解释说"通胀就像老虎，央行加息就像给老虎嘴巴里扔肉，肉多了自然老虎就吃饱了"。我一听就特郁闷，你扔的是什么肉？是我们老百姓身上割下来的肉。老虎吃了这顿还有下顿呢，反正人口也多是吧？扔进去一个少一个！

我想起小时候看过的一个故事：在一个做鹅毛笔的农庄里面，一群鹅天天

第1章 加息不加薪

在一起吃食,抢吃得最多的都身强力壮,羽毛光鲜。但是等养鹅的人来拔毛的时候就飞得最快,因为它们有力气飞。于是庄园主每次都只能拔那些本来就吃得少然后毛色又不好的鹅的毛。后来这些鹅的毛就越来越少,有的死了,有的病了。于是这个农庄的结果大家可想而知:一定是倒闭了,农场主到处流离失所,成为一名流浪汉!

去年我在北四环太阳宫那里买了一套房子,86平的,当时大约2万一平,首付了40%以后,剩下的60%做了按揭,期限为20年期,每月还8000元左右。三次加息后每月多还了近400块,这让我心里挺不舒服的。大部分人可能都和我一样都是按照自己的工资来定制房贷的,别看我有差不多2万的工资,但每

月个人所得税那里就先被拔一层鹅毛，大概要拔掉2000多。最近饭店也都涨价，该死的中石化也乘机哇哇叫，女朋友的衣服费用也是不见少只见多——我觉得自己被拔得满地都是鹅毛。

虽然我的工资看起来还算不少，但是房贷已经占到40%以上了。并且，最近我投资的华商基金也被套得很厉害，想靠基金补贴点房贷的想法也行不通了。我天天盼着能穿越回唐朝找我大哥，让他随手给我写封家书，或者写首诗把《赠汪伦》什么的写成《赠胞弟李铂》，不比那《富春山居图》什么的更值钱呀？黄公望这家伙按照辈分来讲才不过是元朝的，他的作品就能拍到1000万，我哥可是唐朝呀，怎么着也得3000万吧？现在古玩市场都被炒疯了。

拒绝被拔毛

想归想，现实还得面对，自己天天"被拔鹅毛"怎么办？感觉自己每天都在为银行打工，为中石化、联通这些个嫡系肥鹅打工。反正农场主也不会拔他们的毛，只要没毛了就找咱们这些瘦鹅。想来想去，怎么办？还款，别再让我还该死的利息了。可能大家不清楚我们买房以后利息有多重。我给大家做一个图解，一个借款为100万20年等额本息的方法还款数为：

贷款额度	还款期	年利率	月还款	合计还款	利息
100万元	20年	6.8%	7633.40元	183.20万元	83.20万元

解说：看到没有？利息就是80多万，我一共才给你银行借100万呢，你就让我还你接近一倍。你说我们是不是在给银行打工？

所以，现在加息这么严重我当然想先还了。当然有的人可能告诉我现在通胀越来越猛，钱都不值钱了，你还款了不是自己吃亏么？那我问你，如果加息越来越多你怎么办？万一你现在有钱不还拿去消费，以后工作丢了断供怎么办？很多人又会觉得现金应该拿去投资，但是现在的股市和基金什么状态，大家心知肚明，全亏了怎么办？我是个传统的人，不喜欢欠别人钱，我觉得美国人就是因为太喜欢欠着银行了才闹出"次贷"来的！

于是我果断地把放在基金和股市的20万拿出来了准备还房贷。

这些年我都还的啥东西？

顺便也给大家分享一下怎么还房贷。贷款大多采用两种形式：一种是等额本金的方式，另一种就是等额本息的方式。大多数人通常都会选择等额本息的方式，因为在还款期内，每个月的还款金额都一样，每个月从你卡里扣的钱都是那么多，你的账目比较清楚，但是会让你多还很多利息。

方式	贷款额度	还款期	年利率	月还款	合计还款	利息
等额本息	100万元	20年	6.8%	7633.40元	183.20万元	83.20万元
等额本金	100万元	20年	6.8%	首月还9833.33 每月递减23.61元	168.28万元	68.28万元

解说：看到没有？光利息就相差15万，这15万可不是个小数目！现在很多银行都会让你用每个月还一样钱的这种方法（等额本息）贷款，你觉得听着是不错，可是你知道你还的是啥东西么？

比如我买的房子，是86平的两居，按每平2万左右算，大概需要172万。贷款按60%算，则贷款金额为103.2万元。假设利率按2011年4月6日基准利率（五年以上贷款年利率6.8%）计算，贷款期限为20年，等额本息第一年每月的还款情况如下：

贷款本金余额（元）	还款月数	本金（元）	利息（元）	本期月供（元）	利息所占%
1029970.34	1月	2029.66	5848.00	7877.66	74.24%
1027929.17	2月	2041.17	5836.50	7877.67	74.09%
1025876.44	3月	2052.73	5824.93	7877.66	73.94%
1023812.07	4月	2064.36	5813.30	7877.66	73.79%

贷款余额	还款月数	本金（元）	利息（元）	本期月供（元）	利息比例%
1021736.01	5月	2076.06	5801.60	7877.66	73.65%
1019648.19	6月	2087.83	5789.84	7877.67	73.50%
1017548.53	7月	2099.66	5778.01	7877.67	73.35%
1015436.97	8月	2111.56	5766.11	7877.67	73.20%
1013313.45	9月	2123.52	5754.14	7877.66	73.05%
1011177.90	10月	2135.55	5742.11	7877.66	72.89%
1009030.24	11月	2147.66	5730.01	7877.67	72.74%
1006870.42	12月	2159.83	5717.84	7877.67	72.58%
	12月合计	25129.58	69402.38	94532.16	73.42%

解说：我知道看我们这本书的大都是白领女性和已婚白领。一看到表格就习惯跳过。不过我们的编辑们特用心地让我把重点都标红，各位LADY只要看红色那几个就可以了。

大家发现神马没有？就是说银行让我一开始就先还的是利息占了大部分，你借它20年，从第一个月开始银行就让你还第20年的利息了。我们永远算不过银行。比如：你借10万给你一个朋友，让她共还12万（其中本金10万利息2万），每月1万，分12月还，但是前两月还的本金很少，基本全是利息。两个月后她还是欠着你差不多10万本金，懂了吧？银行就是这样让我们还钱的。

如果是等额本金呢？我们看看是什么情况。

贷款余额（元）	还款月数	本金（元）	利息（元）	本期月供（元）	利息比例%
1027700	1月	4300.00	5848.00	10148.00	57.62%
1023400	2月	4300.00	5823.63	10123.63	57.52%
1019100	3月	4300.00	5799.27	10099.27	57.42%
1014800	4月	4300.00	5774.90	10074.90	57.32%
1010500	5月	4300.00	5750.53	10050.53	57.22%
1006200	6月	4300.00	5726.17	10026.17	57.11%
1001900	7月	4300.00	5701.80	10001.80	57.01%
997600	8月	4300.00	5677.43	9977.43	56.90%

993300	9月	4300.00	5653.07	9953.07	56.80%
989000	10月	4300.00	5628.70	9928.70	56.69%
984700	11月	4300.00	5604.33	9904.33	56.58%
980400	12月	4300.00	5579.57	9879.97	56.48%
	12月合计	51600.00	68567.4	120167.78	57.06%

解说：这些数字告诉我们等额本金的方式我们每个月还的钱里头大部分都是本金。比如：你借钱给你一个朋友10万，你让她分12月还，每月1万，两个月后她只是欠着你8万多本金，懂了吧？

通过表格对比看出，不管用什么方法，利息都很贵，虽然第二种方法稍微少一点，但也是本金的50%以上。我们何必这么辛苦天天让别人来拔鹅毛呢？我们好不容易长出一点绒毛，为什么非要被人拔得遍体鳞伤呢？所以我个人认为，在目前投资市场不景气的情况下，提前还款是让房奴少受伤的好方法。

专家点评：

房子、车子、孩子像新的三座压在我们肩上的大山，李铂抱怨说：我们支付给银行的利息好比被拔毛。但是如果我们拥有10万元现金并用于购买固定收益类信托产品（预计年收益率8%以上），按复利计算，则10年后我们的本金和收益总和约为117.4万元，而我们又是拔了谁的毛？由此可见，将还给银行的贷款看做是拔毛是不恰当的。

另外，李铂对"等额本息"与"等额本金"的认识也存在误区。其实这两种还款方式并无好坏之分，李铂列表对比并得出"等额本息"比"等额本金"多付了15万的利息的结论，其实这种比较方法是错误的。原因在于，我们不能将处于不同时间点的货币金额加总进行比较。举例来说，有两种支付你工资的方式：一种是一年后给你11万元，另一种是每个月末支付你1万元。假如不考虑税收等因素的影响，你会选择哪种？

与李铂类似，购房中经常遇到的问题还有：

1. 是否选择房贷？

可以全款的购房者，其实也可以选择房贷。如果全款使家庭财务紧张，如果有大笔开支或更好的投资渠道，不如贷款购房，合理利用信贷杠杆，把省下的钱用在"刀刃"上。

2. 月供多少合适？

国内一项调查显示，月供占月收入20%～50%的人数有54.1%，月供占月收入50%以上的达到31.75%。而在美国，一般是要求月供款占月收入的28%～35%。

李铂的月供占月收入的42.41%，高于西方标准的35%，但在国内属正常，至少有3成的房奴比他压力更大。如果把还贷方式从"等额本息法"改为"等额本金法"，第一年的平均月供占月收入的比率飙升至55.63%，则着实有点畸高了。

3. 是否提前还贷？

李铂认为银行贷款利率已高不可忍，但其实并非如此。现在银行和民间的双利率盛行，民间贷款利率已达到银行贷款利率的2倍以上，甚至已突破银行利率4倍的政府窗口指导价。如果不向银行（或公积金）贷款，而从民间机构贷款的话，成本是要翻番的。所以不建议提前还贷，可以考虑其他投资渠道，特别是年收益率超过银行房贷利率的渠道，如固定收益信托（目前预期年收益高达8%～10%，但起点较高，通过银行购买可以降低起点）。

点评专家：刘耀华 东方华尔国家理财规划师

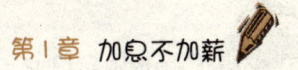

加息后提前还房贷合适么？

昵称：小李白
年龄：80初
职业：外企经理
薪水：月薪18000元

又加息了,又加息了。每隔两月就来这么一次,加息到底起什么作用?

任大嘴说加息能降房价,加息到6的时候房价一定大降,是么?炒房的都是贷款买房的?

既然能炒房,加点息算神马?

官方说加息为了抑制通胀,其实通货膨胀本来就是一个强盗的逻辑,它把财富从一部分人手里边转移到另一部分人手里边,但却是合法的。因为什么呢?

还是用鹅来打比方:农场主规定每只鹅要拿着票子才能买到粮食吃,但是呢,票子是由农场主垄断来印制和发出的。瘦鹅们通过辛苦的工作,得到很少一部分票子;嫡系肥鹅不用工作就能拿到票子。有一天通胀来了,大家手里的钱都不那么值钱了,农场主就说:我看看你们一共加起来有多少钱,一百亿么?好吧,我再印刷出一百亿,全部分给肥鹅。这种做法实际上等于把50%的财富转移到拿到新印票子的那部分肥鹅手里。那广大的瘦鹅呢?本来就没几根毛了,为了有口饭吃,还要继续拔自己的毛。

这一放一收,一通胀,一加息,事实上就把一大部分财富由民间、私人、私企这些瘦鹅转向了政府、国企、垄断这些肥鹅。

几年前,许多白领都硬着头皮,拿了父母的血汗钱和自己辛苦存了很多年从牙缝里省下来的血汗钱去贷款买房。钱包被掏空了,月月工资都要拿出很大一部分还贷。现在包包里一分钱都没有的时候,开始加息了!工资不涨,房贷飞涨、CPI飞涨,我们该怎么办?

利率高涨还房贷

还贷!要是加息真加到6,我整个人就完全都是银行的奴隶了。我在上一篇文章里提到自己想把股市和基金里的20万拿出来提前还房贷的事儿。我辛辛苦苦地当了一年的房奴,总算弄明白房贷的秘密了,就是不管我怎么算,都是算不过银行的;不管我选择的是哪种贷款方式,我都要支付银行很重的利息,而且贷款的期限越长、贷款数额越大,我支付的利息就越重。

第1章 加息不加薪

最近CPI、通胀率这些数据一直在涨,想让自己手上的资金尽可能地不缩水,我觉得还是提前还了房贷比较靠谱。我决定要好好计算下,如果拿出20万来提前还我那套86平的房子的贷款,应该怎么还比较合算。在现在的情况下,一定要让"钱尽其用",每一分钱都要花得有价值。

提前还房贷这事还真是比较有技术含量,想要算清楚不太容易。你如果不清楚呢,也别打电话问银行那些理财专家,他们满嘴的专业名词一定能把你搞晕。其实你完全可以用网上的"提前还贷计算器",按照上面的要求填完数据,就能算出来个大概。

计算结果:	
原月还款额:6640.88元	原最后还款期:2030年5月
已还款总额:59767.92元	已还利息额:36008.19元
该月一次还款额:206640.83元	下月起月还款额:6662.8元
节省利息支出:241366.21元	新的最后还款期:2024年9月

从上面这个计算结果中就可以看出:如果我现在用20万提前还房贷,就可以少还241366.21元的利息,还款期限也会缩短将近6年。一想到可以少做6年的悲催房奴,我决定了,把基金和股市里的20万拿出来还房贷——现在好多人定投都断供了,放在里头就只能赔钱。

家里股票账户是用我的中国银行账户买的,还比较好提取,但基金是用我老婆的交通银行账户买的,我必须得和老婆商量。结果老婆一听我的决定就坚决反对。她觉得这几年利息一直在调整,而且只往高处调,以后利率肯定会更高,所以按现在这个标准还就比较好了。我们现在还没有孩子,有了孩子以后各种支出会越来越多,钱越来越不值钱,我们一定要留下一部分钱来保证我们的生活质量。实在不行,我们还可以把钱拿来投资,就算跑不过CPI,只要跑过银行的存款利率就行了。

我开始苦口婆心地劝她,从美国次贷危机一路侃到了中国股市,现在的行情下,如果理财还只能靠股票和基金的话,那只能是越理越赔钱。"祖国江山

一片绿",估计就算是巴菲特也赚不了钱——反正我对股市和基金的信心已经降到冰点了。银行贷款利率也一涨再涨,目前市场上哪里还有收益率高过贷款利率的投资渠道?所以选择提前还贷"解套"绝对不失为上策。

现在明明已经进入宏观调控加息周期了,日后利率再调整的话,咱们作为借款人,支付的贷款利息肯定要比现在还多。如果咱们长期欠着银行大笔的按揭贷款,那我们可就成了天天为银行打工的苦房奴了。

提前还贷怎么还?

我那对数字极不敏感的老婆打着小算盘算了半天,终于快被我说服了,不过她提出了新的疑问:提前还贷如何还?我向公司的一位同事打听了一下,他是一年前还的房贷,可把他给折腾死了。因为没有还款经验,房子又是婚前和老婆各占50%买的,还款的时候,两人的身份证、房产证、合同什么的全都要带齐。当时因为材料准备得不齐全,他们夫妻俩不得不一趟又一趟地往返于银行与房管局之间,手续真的很烦琐,而且提前还贷是被视为违约的,银行要扣违约金。

他总结了一下他们还款时的步骤:

第一步:想提前赎身的房奴们先要和银行签署补充协议,更改借款额或借款期限。

第二步:签完协议,办理提前还贷的手续时,需要提前预约,带上身份证、借款合同等这些相关证件,到银行提交《提前还款申请表》。

第三步:在柜台存入提前偿还的款项。

第四步:银行接到提前还贷申请后,需要进行审批,一般长则十天半月甚至一个月,最短也得五到七个工作日。

我听到同事的描述头都大了,真的是借钱容易还钱难?我提前给你钱还要扣我违约金?看来银行就是不想我们这些奴隶提前赎身,可见银行有多黑——现在的社会,真是黄世仁和杨白劳调个儿了。

但是没办法,那也得还呀。我只好亲自去银行一趟,找了一个以前买理财

第1章 加息不加薪

产品时认识的熟人。他笑着说:"现在政策变了。办理个人贷款提前还款业务无须预约,随到随还,还可以免除违约金。你同事说的是一年前的情况,当时确实是这样的:按揭购房者要是想提前还房贷,不仅会被视作违约要扣违约金,还得排队预约等上几个月的时间。如今,银根紧缩了,银行缺钱了,除了猛发理财产品外,也在提前还贷上放低了门槛,鼓励早期7折客户提前还贷。现在很多银行都规定:客户贷款满一年以上提前还贷,免收违约金,部分银行还缩短了预约时间。"

我一听就开心了——原来银行也缺钱啊!

三种提前还款方式

那个客户经理还给我介绍了三种提前还款方式:

一是缩短还款周期,剩余的贷款保持每月还款额不变;

二是提前还一部分,保持还款期限不变,剩余的贷款将每月还款额减少;

三是提前还一部分,剩余的贷款将每月还款额减少,同时将还款期限缩短。

我仔细分析了这些方法,把贷款年限改短的方式,提前还20万,相当于把贷款年限缩短了6年,每月还款额基本不变。20年下来大约能省下利息20多万,利息占还款额度的36%左右;另一种,先提前还20万以后贷款时间不变,但是每月少还一点的方法,能省下来约20万,利息占全部还款额度的42%。

这样一来就很清楚了,如果是打算自己把房子供完或者要自己还贷很长一段时间的话,提前还款应该选择尽量缩短年限的方式,而不是选择缩小月还款的方式;但是如果说你打算住几年就把房子卖掉,让买家来补齐没有还完的那部分贷款(也就是投资房)的话,情况就不一样了,就应该选择缩小月还款的方式。

那位经理介绍说,如果使用的是等额本息还款法,而且已进入还款中期,所偿还的更多是本金,能够节省的利息很有限,提前还款意义不大。如果当初使用的是等额本金还款法,就要分两种情况看:处在还款初期,也就是3年以内的话,提前还贷是比较划算的,因为月供中利息多于本金;但如果还款期已过了1/4,此后在月供的本金和利息构成中,本金开始多于利息,也不适合提

前还款。

我当初申请的贷款方式是等额本息,刚刚还了一年几个月,正好适合提前还贷。银行现在免收违约金,又可以省下几千元的违约金。但现在央行一直在加息,这个时间点提前还到底值不值呢?

我询问了银行专业的理财师,他说这些天像我这样的他见得太多了,都是拿着钱想提前还贷的,不过他建议说:"现在个人房贷市场'一贷难求',审批越来越严,而且存款利率一直上浮、部分存贷比达标困难的银行甚至暗地里停止发放房贷。你既然已经贷出来了,就算是融资成功了,早早还回去,反而少了一部分流动资金。在目前通货膨胀、货币紧缺、信贷紧缩的环境下,提前还贷并不是好的选择。若提前还款了,近期内有大额支出,如果再申请新贷款,碰到央行加息,就要按照新利率还款,这样反而不划算。"

他给我算了一笔账,假设一年贷款利息的支出是7%,如果投资后一年的收益超过了7%,就没必要提前还贷。尤其是在年底之前,加息部分还没计入房贷成本时,手头的钱都可以考虑用作投资。然而月还款金额最好不超过家庭总收入的40%,如果不断加息后导致月还款超过了40%,而手中又有闲钱,不妨考虑提前还贷。

在听完理财专家这一通理财规划后,我提前还贷的心被动摇了。是继续投资,还是拿这笔钱提前还贷?和大部分房奴一样,我不得不考虑两个问题:一方面,加息周期下,房贷负担在加重;另一方面,现在通胀这么严重,贷款利率高企不下,还贷未必划算,纠结啊!

1998年,马化腾5人凑了50万创办腾讯,没买房;1998年,史玉柱借了50万搞脑白金,没买房;1999年,丁磊用50万创办163,没买房;1999年,陈天桥炒股赚了50万,创办盛大,没买房;1999年,马云等18人凑了50万,注册阿里巴巴,没买房——如果当年他们用这50万买了房,现在可能连贷款都没还完呢。

纠结,悲催!我有点后悔买房了,负利率时代,我们房奴到底该何去何从呢?

专家点评：

还？还是不还？这是个问题！这个问题对于当下贷款购房人来说难以抉择，一方面提前还款可以减轻每月的还款压力或缩短还款周期，降低利息支出；而另一方面，将资金拿去投资也许可以获得比贷款利率更高的收益率。特别是这两年，房贷利率从首套7折优惠到现在的零折扣经历了一个逐渐加息的过程，而这一切都是因为高涨的房价、飞速的通货膨胀导致政府利用货币工具进行宏观调控的结果。

案例中的小李白面对这个问题时，起初选择了通过提前还款来减轻自己的还款压力，但是在听到所谓理财专家的建议后又显得有些动摇。其实，不论他如何抉择都是不可取的！因为他这20万并不是闲置的资金，而是把基金和股市里的资金拿出来还房贷。这就好比杀鸡取卵，得不偿失！但是20万资金全部用来投资又会遇到投资风险，因为没有谁能保证能够绝对赚取比贷款利率更高的收益率。而全部还款的话，那在遇到有高收益机会的时候就只能放弃，同时也没有资金来应对一些突发事件。因此我们这里的建议是在高利率时代可以还款，但是不能将家庭的全部资金用来还款，应该有比例地进行还款：如果能够保证较高的投资收益率，那么就多留存一部分资金进行投资，用投资收益和小部分资金进行提前还款；如果觉得市场环境不好，无法轻易获得高的投资收益，那么就多还一部分贷款，少留存一部分资金进行投资。

点评专家：张宇 东方华尔国家理财规划师

白领理财日记 2

疯狂CPI，100元的十年减肥记

昵称：Never far
年龄：85后
职业：媒体策划总监
薪水：月薪8000元

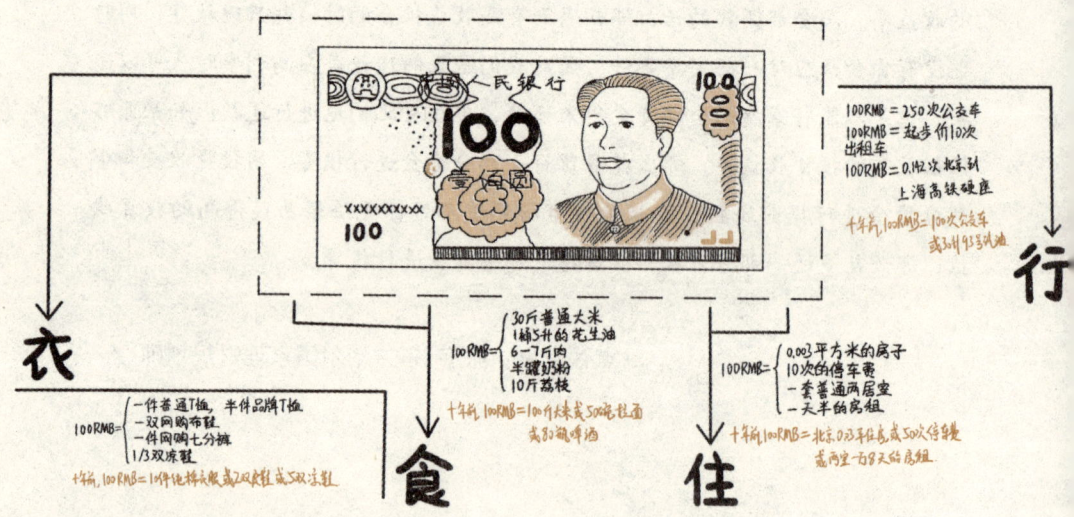

第1章 加息不加薪

刘翔都跑不动了，CPI怎么还跑这么快？

当年，刘翔还没有退赛之前，他还是我们国人的骄傲。那一年流行着这样一句话："跑不过刘翔也要跑过CPI。"体坛岁月容易过，世上繁华又数年。这些年来，这位上海人因为伤害了大家的感情，在国人心中的印象一落千丈，逐渐跑出了大家的视线。但是，我们的CPI好像没有一点要停下来的意思，一路狂奔，大有奔流到海不复还的架势。连续几个月"破5"，咱们手里的钱越来越"毛"了。

物价贵了，钱小了。我记得我刚大学毕业那会儿，也就是2000年，100块钱还是真正意义上的大钞票。1斤大米才1块钱，100元能买100斤大米；如今大米已经2元多一斤，100元钱连50斤大米也买不来了。2000年时啤酒1.2元/瓶，100元钱能买83瓶；如今，最便宜的啤酒3元/瓶，100元只能买到33瓶啤酒。2000年时拉面2元/碗，100元能买50碗；如今，最便宜的拉面4.5元一碗，100元还买不到25碗。10年前，我取钱时一次只取100元，拿着能花一星期，后来慢慢变成了一次取200元、300元，到现在变成了500元。

记得以前老师给我们讲政治经济学的时候，我们大家都不懂通胀和钱变小是怎么回事，老师给我们说了个很形象的故事：民国的时候，国民党印制了大量的纸质钞票，导致了严重的通货膨胀，物价上涨。到商店里买盒火柴，需要用篮子装满满一篮子钞票；在街上碰到抢劫的，人家只抢你的篮子，把钞票还给你，把篮子给他吧！

翻开我妈的记账本

2001年7月的记账本

7月份家庭收入：爸爸工资5000元，妈妈工资3000元，我工资2500元。下面是我妈妈写的记账本，呵呵，挺有意思的。

本月家庭收入	老公工资：5000元。 我工资：3000元。 孩子工资：2500元。孩子能耐了，大学刚毕业就找到了中国移动这个铁饭碗，一毕业就只比我低500元，真挺能的。

本月家庭支出	吃：买米100斤98块钱，猪肉25斤80块钱，菜油10斤30块钱，水果全家三口吃了90元。
	穿：给儿子买一件杉杉衬衣花了110块，真贵；给老公买了条运动裤，30块钱，穿着锻炼身体；给自己买了一条裙子，在西单百货商场买的，60元钱，穿着大家都说好看，质量很好。
	住：水电煤本月开支120元。
	行：公家车涨价了，1块钱一个人。
	其他：表妹结婚给了300块钱，心疼呀！

2011年的7月的记账本

7月份家庭收入：爸爸工资3000元（退休了），妈妈工资3000元（退休了），我工资9000元。

再来看看我妈妈的记账本：

本月家庭收入	老公工资：3000元。人老了就不中用了，就只能拿这么点退休工资，希望别生病，别给孩子们添麻烦就好了。
	我工资：3000元。
	孩子工资：9000元
本月家庭支出	吃：买米100斤230块钱（挑便宜的米买），猪肉20斤360块钱（肉主要给孩子吃，我们吃蔬菜多，因为肉价太高了），蔬菜也不便宜，茄子卖到了6元一斤，本月蔬菜支出480元。水果全家三口吃了400元，还是挑当季的水果买。
	穿：给儿子买一件杉杉衬衣花了980块，特价的时候买的，不特价的话，我可不敢下手买。另外给儿子买了一套西装，花了1800元，心疼。给老公在家门口的平民超市买了两套夏天的衣服，共花费250块钱。没给自己买，因为算下来，这个月的钱已经花得七七八八了。
	住：水电煤本月开支400元，煤气涨价了。
	行：地铁有点贵，2块钱一次，一出门一来一去4块钱没了，公交划算，4毛钱，上个月充的200公交卡就快要花完了。
	其他：儿子女朋友的妹妹结婚，儿子给了1200，这天价，心疼。

疯狂CPI买房买不起租房也困难：

先说一个关于CPI与房的故事，一个城市里有甲、乙、丙三个人，甲有5套房，不上班，靠收房租生活；乙有一套房，上班赚工资，利用房产按揭贷款;丙是卖菜的,没有房,租房。

忽然有天听说要收房产税和物业税了,丙兴奋地说:"太好了,我没房,收那帮炒房人的税,我全力支持。房价大跌了,我就可以买房了。"乙说:"没关系,我只有一套,收那帮炒房人的税,我支持。房价大跌了,我可以再买一套。"甲说:"哦,房产税收多少?1%对吧?下个月房租涨5%。"

于是房租上涨了。丙很郁闷,想换个房子,发现大家房租都涨了,只好忍。不过也不能吃亏,于是丙把菜价提高了5%。这天,乙和甲去买菜,发现菜价涨了,很郁闷,想换个菜场,发现菜价都涨了,只好少吃点了。于是乎,甲、乙、丙三人生活水平就这样下降了,CPI就这样升高了,他们就这样那样地进行着自己的幸福生活……

房价节节攀升,买房越来越难,连想当个房奴都无法如愿。很多和我一样的年轻人迫于无奈,租房裸婚——毕竟租房的压力应该会小得多。可实际上,最近几年的房租价格也是水涨船高,而且涨的不是一点点。现在的情况是,不仅买不起房,就连想租房都很有压力。迫于有限的薪水收入,很多人不得不在离市区远一点的地方租房子,以便把房租维持在原有的支出水平。

一张几年前的图片,让我久久不能平静……

10年前,如果哪天揣着100元进超市,我的第一个反应是今天怎么带了这么多钱出来;现在如果包包里只有100元钱,我的感觉是根本不敢进超市,感觉自己钱没有带够。10年前我记得我爸爸开的桑塔纳,每月加油费也就100元,家人都觉得好贵;现在100元都不够用一个星期的。

不仅如此,其他的各项支出也在节节攀升:水电煤坐着火车涨价,食品类和日常用品类更夸张,居然乘着火箭涨价。10年以前到路边的小摊上,点一碗酸辣土豆丝只要2元钱;现在已经涨价到12元,量还没有以前那么足。以前请个钟点工阿姨,一个小时要价5~8元,现在已然飙升到了20元一个小时。我有时候真想改行从事家政服务业,收入多高呀!有一次家里有人生病住院,想请个看护陪着聊聊天,结果一天叫价250元,真是触目惊心的价格!

商品的涨价更是有目共睹,"蒜你狠"、"姜你军"、"豆你玩"等等这些都已经司空见惯,老百姓已经都快见怪不怪了。这年头,要是有啥不涨价,那就是天要下红雨了,才稀奇呢。

与飞速上涨的CPI形成鲜明对比的是,工资的脚上就犹如挂了千斤坠,非得费尽九牛二虎之力才能往前移动那么一小步。拿着跟10年前差不多水平的薪水,消费着距10年前已涨了不知道多少倍的物价,老百姓情何以堪?

专家点评:

作者通过实例和表格展示了100元十年前后的差别。非常理解作者的心理感受,100元钱的购买力在不断缩水,这就是常说的通货膨胀现象。

通货膨胀的类型分为:①需求拉动型通货膨胀,即需求过度增长超过了现有价格水平下的商品供给,引起了物价普遍上涨。②成本推进型通货膨胀,即由于成本上升所引起的物价普遍上涨。③结构性通货膨胀即由于社会经济部门结构失衡而引起的物价普遍上涨,这种类型的通货膨胀一般在发展中国家较为突出。④输入型通货膨胀,即由于进口商品价格上涨而引起国内物价的普遍上涨。

通货膨胀按程度分为:①温和型通货膨胀(通胀率2%~5%),即物价上涨缓慢，价格相对稳定。温和性通货膨胀在一定程度上对经济有促进作用，尤其在发展中国家。②奔腾型通货膨胀（一般通胀率两位数），即物价快速上涨，经济严重扭曲。③超级通货膨胀，即物价时刻上涨，市场变得一无是处。像国民党1948—1949年时期，是灾难性的。

中国近10年的物价水平可分为物价调整和物价上涨两方面。大家看到食品类的上涨是很快的，它是物价调整和物价上涨的叠加。但另一类商品，如电器、汽车等，相对价格是下降的，它是两力的抵消。

近期的物价上涨很快，它既有成本推进因素，如原料和人力成本的上涨；也有国际上大宗原材料物价上涨，即输入型因素的影响；更有货币超发造成的影响。

中国经济正在高速发展，通货膨胀是必然的，且会持续很长一段时间。在物价上涨的同时，工资也在不断上调。国家发改委的十二五规划中，提出工资5年翻一番的目标，即年均增长17%。所以百姓的应对措施是做好投资和理财。

点评专家：孙红 东方华尔学员 国家高级理财规划师
中国人寿部门经理

白领理财日记 2

加息后怎么理财?
数学白痴教你!

昵称：数学白痴
年龄：85前
职业：外企翻译
薪水：月薪16000元

你的钱还在躺着睡觉么?

你的钱还在躺着睡觉么？

说到加息对我的影响，也就是利息这块儿！虽说最近存款利息加了又加，但活期利率加来加去也不过就是0.5%。想想现在每个月CPI都到5%了，自己户头上那点钱何止是没"追上"CPI，简直落下了差不多10倍！最近老听加息的事情，好像挺严重，具体怎么严重我也算不出来，就知道身边很多人在讨论存钱的事情。

我是学英语的，从小到大数学都没有及格过，对理财几乎一窍不通，超级自卑。后来看到一个微博说，数学学得不好的人都比较长寿，原因是：

数学不好的人都比较爱笑，因为没有数学就没有烦恼；

数学不好的人都比较天真浪漫，比较感性；

数学不好的人都比较幽默，生活充满乐趣，感情和想象力都比较丰富；

数学不好的人都比较直爽、实在，不会拐弯抹角；

数学不好的人长得都比较漂亮！

话题还转回来，话说我数学不好，不知道怎么理财，于是所有的积蓄都是以活期的方式躺在银行睡觉的。在央行第二次加息后的某一天，我发工资后到银行存款，银行的MM很热情地接过我的存折："哟，您这活期折子上9万多块钱也不算少了，为什么还要用活期的方式存款啊？还不如存点定期呢！你这样放着浪费了利息多可惜啊。存定期的话一年利息就差不多3000块钱呢，平均到每月就是243块钱，算每月白得了一瓶护肤水了。"

我很喜欢这个营业员的说话方式，和我们这些数学不好的女人说数字没用，但是说到每月能白得一瓶"护肤水"我就开心了。好吧，我就听她给我介绍介绍。

存定期利息翻10倍

银行MM给我推荐了一个理财客户经理。

我说："我上班这些年也存了点钱，放着还真是越来越少。我也想理财，但是不知道应该投到哪里。您能不能给我个好的建议，怎么样让账上这点钱不

缩水？但我很烦数字，不喜欢算来算去，所以我一不买基金，二不买理财产品。您就给我介绍个最简单的方式就行了。"

经理乐了："美女们大都不懂数字，精明会算计的老得快。呵呵！根据您提出的要求，其实你只需要踏踏实实存款就行了。有种叫'定活通'的存款方式比较合适您，收益能比现在翻几番。"

我有点不相信："是定期么？这个取起来不方便。下半年我正想去一次香港，随机花钱的机会比较多。要是存了定期，到我用钱的时候，不方便取出来。"

理财经理认真地听我说完，解释说："不全是定期，它是定期和活期一种很随意的组合方式。我们平时最常用的定期确实存在您说的问题，但这个产品让定期存款也可以提前支取。"

我不禁好奇起来，催着他赶快解释下定期怎么提前支取。

"定期存款的提前支取分为部分和全额提前支取两种。要是办理部分提前支取，剩下的部分存款仍可按原有存单存款日、原利率、原到期日计算利息。这样算来，利息也不算亏。"

理财经理帮我算了一下：以我的9万元的1年期存单为例，如果存了半年就急需用钱，提前支取1万元，那么剩下的8万还是算定期的，这样就比把9万全提取出来减少利息损失1100元。

按照1年期定期存款年利率3.25%，活期储蓄年利率0.5%计算，公式如下：

$$(90000 \sim 10000) \times (3.25\% \sim 0.5\%) \div 2 = 1100 元。$$

"银行每月把活期账户的闲置资金自动转为定期存款，当活期账户因刷卡消费或转账取现而资金不足时，定期存款又能自动转为活期存款，满足定期存款收益与活期存款便利的双重需要。"

"打个比方，如果您和银行签订了定活通存款计划协议，约定工资账户资金金额为2万元，那么只要您账户金额超过2万元，系统就会把多余部分自动转为约定期限的定期存款。比如你这张存折，现在您的账户上有9万多的资金，正常情况下，您肯定在一个月内是不可能有这么高的消费的吧？如果您每月留下2万作为每月开支，剩余部分都可以转成5年期的定期存款。按照现行利率是

5.25%，而活期只有0.5%，收益至少是现在活期的10倍呢。"

"那我要是想买东西了，需要用钱的时候怎么办啊？"

"我们最大的优势就在这儿。比如您要是活期账户里没钱了，仍然可以刷卡消费，用的就是定期账户里的钱。当活期账户因刷卡消费或转账取现资金不足时，可以直接从定期存款中'划拨'所需部分，这部分自动转为活期存款，而其余未动的金额仍然按照定期计息。"

行吧！就办理这个吧！从银行出来，我终于走出了理财的第一步，花了20块钱的服务费办理了这个东西。我觉得对于数学不好的女人们来说，这个是比较靠谱的一个存钱方法哦！

加息中的转存和分散投资

我得意洋洋地回到家，向老姐炫耀我也办了件漂亮事。

老姐不听我的，她有自己的理财经。老姐是个数学很好的人，脑袋门儿清。她说我这样的存法也就是图个省事，但是她还有在加息周期中更靠谱的存款方法。

如何转存？

加息后的第二天，姐姐就把一笔刚存了20多天的10万块钱提出来转存了。最近我也老听同事们说办理转存，因为以前存的利息低，但是现在利息高了。老姐一边跟我说一边拿起计算器：%#×&……一通乱算，大概意思就是说，如果按照加息后的利息再存她的10万块钱，利息会多出近1000块钱。

不过我对这个数字没有什么概念，也不知道她所谓的"已连续加息4次，一年期存款利率达到了3.25%"和我有什么关系。

"你的意思是说我也应该取出来和你一起转存？"

"你这个数学白痴就算了吧，就用你那个定活通省事。"

"你脑子不好，不过好在还有自知之明，不瞎折腾。我们单位最近有一些女人才搞笑呢，加息这几个月，每加一次就转存一次，结果将近大半年的时

间,30万存款一直按照活期计息。"

"为什么?不懂呀!"

"嗨!她们只看着加的那点利息,没有算办理时的时间成本。本来存好的被提前取了再转存,就会导致一段时间内存款一直按照活期计息,并不见得比一直把定期存单持有到期然后正常支取合算。就好像小时候学过的猴子掰玉米,看到了西瓜,又扔了西瓜换桃子,最后什么都没有了。我算过了,以一年期定期存款为例,如果存期已经超过了33天,把钱取出来再转存就不划算了。"

"汗,都精确到天了。"

"当然了。为了避免频繁转存,在这样的加息通道中最好单笔的存款不要超过一年,可以进行拆分。比如存款10万元,可以分为5万元一笔,3万元一笔,2万元一笔等不同金额。存期也可以错开,3个月,半年,一年,拆分越细,应对相对越灵活。"

"好麻烦!我估计坚持不了……"

12存单法让存款滚雪球

还有一种就是"12单法",这个比较简单,和每月拿工资一样。

姐姐说:"我再教你一招,很简单的,是每月拿了工资就定存一部分的方法。你工资是3600元,每月把工资的30%(也就是1200元)存成1年定期。一年后本金加利息就是1242元(1200+1200×3.5%)。这样一来,一年后你手里就有12张1200元的定期存款单,每个月都有一张存单到期。不需要用钱的话就可以把到期的存单自动续存,并且将每个月都会有的一笔钱添加到存单中,继续滚动存款。你算一下:如果1年期利息维持在3%不变,这样下来第三年、第四年、第五年连本带息地每张存款单金额就会'滚动'到2509.08元、3820.35元、5170.96元。看着手中的存款滚雪球,不比买基金股票提心吊胆来得好呀?"

更主动地买理财产品

加息之后转存,是被动的理财方法,如果想主动理财,其实还可以学学我姐姐,购买大额(至少5万以上)资金的短期理财产品。我把这种理财方法叫做"红烧肉理财法",因为她经常去抢这样的肥肉产品,每次抢到了都会很开心地给我们一家人做一顿红烧肉吃。

在加息周期中,宜买不超过3个月的理财产品或收益随加息上浮的产品,该类产品能比较快地享受到加息带来的产品收益上涨,避免错过获取更高收益的机会。

比较合适这样要求的理财产品大概包括:交通银行推出的智慧天添利系列,工行的"灵通快线"等都不错。

如何购买?

操作方法很简单,一般登录自己的网银以后都会出现导航界面,我这里以工商为例。先点"工行理财",进去界面以后就能看到产品代码、期限等,推荐那里点进去就能看到它们的属性。有的募集过好多次的就能看到它们的历史记录。

这些产品有保底的,收益稍微低一点,大概也就比定期高一些,不保底的有的收益很高,能到正负30%,就看你能不能玩得起。哈哈!

其实呢,我觉得理财也不一定是数学好的人的专利,其实我们这些不懂数字的人只要选好方法也是可以理财的,你们说呢?

专家点评:

银行加息后,应对方法根据实际情况可分为以下几种:

1. 银行定期存款的——不一定都要转存

每次加息都有不少储户要求办理转存,但对于已经在银行存了定期存款的储户,加息后是否应将钱取出来重新转存、享受加息后高利率是一个需要区别

对待的问题。要认真计算收益差别，再决定是否需要转存。临界点的计算公式为：360天×存期年限×（新利率－原利率）÷（新利率－活期利率）。如果定期存款存入的天数已大于转存临界点，则不要进行转存；如果小于转存临界点，则可以选择转存。以一年期定期存款为例，如果存期已经超过32天，将钱取出来再转存并不划算。

另外，为了避免办理转存的麻烦，例如银行有一种加息宝的储蓄账户，每逢加息时便会根据测算出的转存临界日期自动判断转存是否能带来更多利息收益，以此决定是否对账户进行自动转存。

2. 定期存款、购买国债，均以短期为宜

一年期、三年期和五年期的存款利率还是要比今年首期凭证式国债中的同期限产品要低。但因为还有小幅加息的可能性存在，因此，如果以后再买国债，还是买短期的为宜，这样资金的流动性会比较好。

3. 流动资产投资持续看涨

目前以黄金、收藏品投资为代表的资产越来越受到投资者青睐。如果投资者风险承受能力较高，且流动资金充裕，可以考虑进行此类资产投资。

点评专家：史慧 东方华尔国家理财规划师

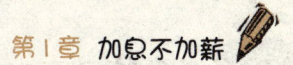
第1章 加息不加薪

银行短期理财,让我欢喜让我忧

> 昵称:Cinderella
> 年龄:二字打头的年龄快过完鸟
> 职业:营销总监
> 薪水:月薪8.5K

股市不当道 银行理财成香饽饽

"昨天某某银行在网上银行推出了一款7天年化收益率达到了5.8%的产品,你要赶快去抢,一会儿就卖完了。"一个在银行工作的朋友给我打电话如是说。最近加息预期中短期理财产品成为了很多人的理财首选,当然也包括我。我接到电话就赶到了银行,结果排队的人很多。我想着吃完午饭再来买吧,结果就一顿饭工夫,等回来一看,全卖光了!五万、十万起售的理财产品,卖出的速度那叫一个快,就跟网上挂号和春运时买火车票差不多了!

我不禁回想起2006年到2007年那阵子,那时正是基金的黄金时期,全民疯抢的景象至今仍让不少人甚为感叹。而如今昔日的景象却如此熟悉地复制在了银行理财产品身上。在股票不当道的年代,放眼整个理财市场,也许只有短期理财产品能让人眼前一亮。

这是为什么呢?我分析大致是因为CPI一路高涨,而且几乎没有降下来的可能。今年以来给我的感觉就是买什么都亏:买股票割肉,券商理财产品疲软,公募基金抢着赎回,专户一对多也没戏,私募更是情况不明朗。而银行短期理财却恰恰属于较为稳健的投资产品。这种短期、超短期的理财产品没有特别大的风险,所以"投奔"它的人是越来越多了。

而当初之所以最后下定决心把放在股市和基金的钱拿来买银行理财产品,主要是因为我仔细分析了一下利弊得失:

第一,看来看去,只有银行理财产品算比较安全。像我这种非专业投资人士,还是喜欢稳定收益,符合条件的也就只有理财产品了。

第二,短期银行理财产品的收益率也低不到哪儿去,有时候比货币基金还高呢,年收益率在4%左右的不在少数。

第三,因为银行业内年中考核即将来临,在揽储压力下,短期理财产品发行会更加明显,很多银行几乎陷入了一场理财产品收益率比拼的内战。这样对我们最有利,可选择的产品太多了!

高收益的水分：认购书里有蹊跷

我向在银行工作的朋友咨询，买哪家银行的产品好。他告诉我，在银根紧缩的情况下，各大银行为了防止存贷比超标，正想方设法从百姓手中找钱，而发行理财产品已经成为银行拉存款的重要渠道。为了让自己的理财产品有竞争力，各银行理财产品收益率不断上涨。目前多家银行发行的短期理财产品收益率已经超过了5%，几乎与CPI持平，这些都可以买。了解到这些情况后，我决定不再犹豫了，果断出手。

正好有家银行的客户经理给我打电话，推荐了几款3天和7天期的超短期理财产品。当时没有其他更好的选择，我禁不住诱惑，就在4月28日买了这家银行的一款7天期产品：10万元起步，预期年化收益率4.2%；20万元起步，预期年化收益率4.5%。我算了下，收益确实比一般银行的同类产品要高，于是就把原来放在股市里的以及准备买基金的一共23万元全部买了这款产品。协议约定：4月29日计息，5月5日到期。

结果没几天烦心事就来了。5月6日下午，我查账户时发现，这笔钱并没有到账。我打电话给那个客户经理，他说5月8日或5月9日可以到账，实际年化收益率3.5%。我一听就急了，这不是被银行忽悠了嘛！实际收益比宣传的低了不少。原来说产品期限只有7天，为什么要到9日才能结算到账呢？那位经理可能这种事情经历多了，已经见怪不怪，他很淡定地告诉我：这款产品是T+3，也就是说到期后再过3天才能到账。"您可以看看认购书。"这时，我才注意到产品认购协议确实有这条。

我气呼呼地把这件事告诉银行的朋友。他说我这种情况属于比较明显的资金占用，但还不是特别常见，市场上最常见的是一种隐性的资金闲置期。

比如，一款3天的理财产品，银行的发行日期（也就是我们的认购期）可能是4天。假设有客户是在发行第一天就购买，则要等到三天后才能计息，相当于资金闲置了3天，实际收益率也就降低了许多。事实上，由于这类产品很热，一推出就可能被抢空，所以许多投资者会赶在第一天购买——听明白了吧？银行在免费占用我们的资金呢！所以说，理财产品的实际收益可能不如银

行说的那般美好，小心短期理财真空期，收益超5%的小心有水分，谨防被预期高收益迷惑啊。

银行在宣传理财产品时，年化收益率很高，甚至超过了一些长期理财产品，但我们如果把账算仔细了，就会发现其实并不是很合算：银行往往强调年化收益率，对申购期和清算期的利息计算则只字不提。其实这两个阶段是真空期，没有一丁点儿利息，所以短期理财的高收益大多只是表面文章，实际收益会大为缩水。假设一款理财产品期限为6天，收益5%，如果发行占2天时间，清算又占1天时间，实际收益就只有可怜的3.3%。

投资与时间赛跑 在途时间"阴险"分摊收益率

我们都知道，投资是一场与时间共舞的战斗，但我发现，一些银行的短期产品的发行募集及到期后本金收益到账的时间设置得比较长，这对资金实际的收益率会产生非常大的影响。所以，如果我们对这一产品的资金"在途时间"进行计算的话，就会发现经过分摊产品的收益率被明显地摊薄了。

对于银行这种赤裸裸的剥削压迫，我们难道只能屈辱认输么？我在网上查了很多资料，也问了身边的理财达人，发现我们还是有办法应对的：

1. 滚动投资：理财周计划

虽然预期收益率不及理财产品，但可以连续滚动投资，大大节省了资金的"在途时间"，实际获得的收益率并不低于单独购买某一只理财产品。

比如：工行的"灵通快线"、交行的"智慧添利"等。

2. "见缝插针"省时省力

一些银行会将通知存款与第三方存款账户的资金进行有效的结合。由于"第三方存管"账户的资金转出时间为交易日的9：30～15：00，按照银行的计息规则，如果将资金在15：00之前转出并存作通知存款，到第二天的9：00之后取出，这期间的收益就可以按照通知存款的利率水平来计息。也就是说，同样一笔资金在这一时间内存作"通知存款"，就可以获得较高的收益，资金的划转时间上也没有延误。

比如：中行"博弈周末理财"、交行的"得利宝沃德添利（周末版）"等。

风险与机遇共存，选银行理财产品有诀窍

要选择一款适合自己的理财产品还真不是件容易的事，我们不但要追求高于银行存款的收益，还要时刻提防着那些"在途时间拉长""认购书欺诈"等诸如此类的暗箭。

经过我这一年多的实践观察和虚心求教，我想在这里和广大读者朋友们分享一下我的经验：

首先，现在基本所有的银行都对理财产品进行了分级，同一款产品，根据不同的投资门槛，给投资者不同的预期收益。简单来说，就是起点金额越高，预期收益就越高。

一般来说，银行理财产品起点金额是5万元。同一款产品，如果100万元以上的资金，银行给出的预期收益率会略高一些。

打个比方，就拿我后来参与的一款建行的"利得盈"VIP尊享理财产品来说，当时认购书上写的是：投资期限是35天，投资金额10万元到50万元，预期年化收益率3.8%；投资金额50万元到300万元，预期年化收益率4.1%；投资金额在300万元以上，预期年化收益率就变成了4.2%。而在几乎相同的情况下，浦发银行发售的7天假日理财产品，起点金额5万元的年化收益率为3%；起点金额30万元的，年化收益率3.30%；起点金额100万元的，年化收益率3.70%。类似的情况也出现在其他多家银行上。

这也提醒我们，在选择银行理财产品时一定要货比三家，多问问别的银行的行情，相同的起点金额所创造的收益有时会差很多。

其次，选择中小银行的理财产品可以获得更高收益。

我之前问过一个第三方理财机构的专家，他告诉我说，根据目前资金紧张的情况来看，小银行对资金的渴求明显要大于大银行，所以小银行对理财产品的倚重也比较大，同类型的理财产品预期收益率，小银行与大银行相比有着明显的竞争优势。

我上网查了一下,以某家知名大型银行最近发行的92天理财产品为例。该款产品针对的是100万元以上的大资金客户,但其给出的预期收益率也不过是3.20%;而另一家地方银行同样92天的理财产品,购买门槛仅为5万元,却能给出4.35%的预期收益。

显然,多跑几步,选对银行,小资金一样可以享受VIP的收益待遇。

再有,银行工作人员的口头兜售不可信,不做糊涂买家。

最近银行对于资金需求几乎到了饥不择食、寒不择衣的地步,出售短期理财产品甚至可以用"兜售"来形容。与以往的理财产品定制了精致的宣传页不同,几乎每家银行网点都竖着一个展示牌,上面用黑色水性笔写着:最近热销理财产品,3天、6.3%、10万;7天、5.0%、5万;3个月、5.2%、5万。这一串数字分别代表着:投资期限、收益率、申购金额。

而且这些理财产品并没有详细的产品说明,大多是银行产品经理将印有产品相关信息的A4纸揣在兜里,口头向客户通知,如遇上有人询问再进一步讲解。像我们这样非专业投资者,遇到看不懂的说明书就只能询问工作人员。俗话说"王婆卖瓜,自卖自夸",工作人员大多数时候都在避实就虚,重点突出产品的优势,淡化风险。

最后一点,三类理财产品尽量不碰:

1. 信贷类产品虽然属于稳健产品,但目前银行主要将信贷类产品投向房地产企业,一旦贷款无法收回,资金可能血本无归。

2. 综合类产品构成复杂,当前市场中预期收益较高的综合类产品主要投资于信托产品的优先受益权。当二级市场发生股票大面积连续跌停或者证券交易所关闭等极端情况,优先受益人将开始遭受部分本金损失。

3. 传统结构性产品难实现最高预期收益,大部分外资银行依然发行挂钩股票、商品、汇率等标的产品,预期收益普遍高于同期限的债券票据产品,表面看颇具吸引力,但往往无法实现最高预期收益。

专家点评：

从这篇案例中可以看出，主人公已经对银行短期理财产品进行了比较细致的研究和分析，通过亲身经历与广泛的咨询了解到一些短期理财产品的投资策略与方法，但是这些所谓的策略与方法并不一定就是十全十美的。同时，投资短期理财产品的本身就不是资产保值与增值的最佳途径。因为，短期理财产品的收益率是年化收益率，5万起步的初始资金，按照最高6%的收益率计算3天投资期也只不过大概8.8元的收益，再有手续费和一些"T+N"的交易规则，那实际收益将会非常低。再者，在一年的时间里，谁又能保证每天都能买到银行的高收益率理财产品呢？算上资金的空置期以及交通等费用，也许还不如在银行办个整存整取的一年期定期存款的收益高。

对于文中提出的应对策略以及提到的理财产品，年化收益率基本上都不超过2%，即使可以把资金放在理财账户里自动购买理财产品，感觉省事省力，但却无法满足资金的保值与增值。另外，银行理财产品也并不是绝对的保证本金的安全，再加上诸如信息瞒报、利率升高等风险的存在，投资者的资金是无法满足保值的需求的。

短期理财产品作为一款家庭资产的保值工具并不称职，这种产品主要针对那些暂时有闲置资金并在短期内就将使用的投资者。因此我们建议不要追逐购买这种短期理财产品，这种产品的本身就是对众多金融投资产品的一种补充，是为了满足部分投资者需求以及提高银行存款比而设计的，我们不能过于指望这种产品来为我们进行长期的保值与增值。

点评专家：张宇 东方华尔国家理财规划师

第2章

从白领到百万富翁

什么叫投资？如果有一堆水果快要烂了，给你处理你会怎么办？许多人会说，给宠物吃或者找个水果摊打折卖出去。我会建议你挑一些好的，然后把能用的部分做成水果拼盘，然后再以高出5倍的价钱卖出去。

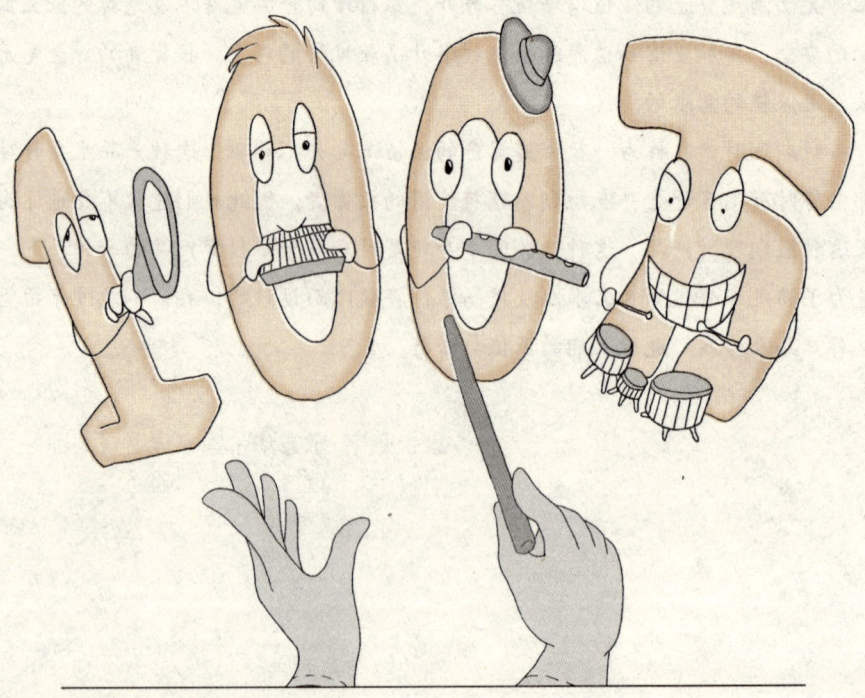

做到这几点你一定是百万富翁

昵称：疯狂华尔街
年龄：37
职业：银行职员
薪水：月薪从15K到许多

从《非诚勿扰》说国人的理财观

我老婆非常喜欢看《非诚勿扰》,经常拉着我陪她看。

有一期一个叫安田的男嘉宾去征婚,这哥们儿是典型ABC,在香港长大,从这个"东方之珠"开始了他NB的求学历程,哈佛本科plus牛津硕士plus现在Berkeley读博。华人天生的高智商和美国人天生的幽默感在他身上得到了很好的结合。经过一番选择到最后只剩两盏灯,其中一个是安田的心动女生,每次到这里基本都是配对成功的象征了。但是NO,他在做出选择之前问了两位女嘉宾一个看起来很俗但是却杀机暗藏的问题:"如果中了一千万美金,你会去拿这钱做神马?"其中非心动女生的答案是拿钱陪妈妈出去旅游,心动女生的回答是一如既往地死鱼式淡定:"过得会跟现在没有神马区别。"

安田同学拒绝了他的心动女生,理由是认为她对金钱的观念和自己相差甚远,道不同不与之为谋。他说出了点亮全场的一番话:为什么你们没有想到拿这笔钱去做善事呢?建某种基金,或者捐献给大学或其他非盈利性组织,来帮助那些需要帮助的人呢?他引用了哈佛的一句校训:"Enter to grow in knowledge, depart to better serve thy country and thy kind."("来到哈佛,是为了在知识的海洋中成长。离开哈佛,是为了更好地为你的国家和民族服务。")

听完这番话,我算是明白了为什么盖茨和巴菲特会把自己的大部分财产捐出去做慈善,明白了为什么许多美国穷人哪怕是捡垃圾过日子也敢不卑不亢地和富人对话。

因为无论是世界首富、投资教父还是像安田这样的相对是小牛的牛人,或者是普通老百姓,只要是美国人,或者说在西方发达国家体制下成长起来的人,都有很好的财富观念:不会因为穷人就低人一等,不会觉得没有钱是一种耻辱,更不会因为没钱就受欺负;也不会因为富起来了就不知道怎么花钱,更不会炫富、为富不仁,让金钱凌驾于道德法律之上。

反观目前的中国,谁不拿钱说事儿?穷人自卑没有尊严,富人狂妄没有信仰。一个从小缺乏正确的金钱和理财教育的民族,一个穷怕了、一富起来就不知道自己要干什么的民族,真的应该多学点有关财富和理财的知识了。

第2章 从白领到百万富翁

许多人都有一个误区，理财是有钱人的事情，我这么穷，吃饭都不够去哪里理财呢？忙，没有时间理：有时间打麻将没时间理财？当年毛主席都每天记账，不要说你没时间，再忙也忙不过主席吧？

我不得不说国人在理财这方面的意识的确是太差了。理财是每个人都应该学会的事情，物理化学微积分并不是每人都要学的，不学也不会死人，但是理财如果不会的话，会让人过得生不如死。

存钱，万丈高楼平地起

挣一个花两个，一辈子都是穷人。很早以前看过一个哈佛的教材：学校培养学生理财的方法是每个月进账（不管是父母给的生活费还是自己打工赚的外快或者奖学金，只要是进账的钱都算）都要强制存起来30%，不管遇到什么事情都不能动。存到第三年的时候才让他们拿去做小生意或者投资。这个教材启发了我：不管自己有多大的抱负，都要先有原始积累才行。

我每个月都会拿出10%的钱存在银行里，从月薪才2000的时候就开始这样做了。很多人说做不到。假设一下，如果你打工的公司经营不善，老板要削减开支，给你两个选择：第一是把你开除，补偿两个月工资；第二是把你1000元的工资降到900元，你能接受哪个方案？估计99%的人都能接受第二个方案。那么你就假设老板给你降薪了，给自己做个强制储蓄，发工资后直接将10%的钱存入银行。不迈出这一步，你就永远没有钱花。

省下来的钱也是赚的，少打一次车，少做一次美容，吃饭少点一个菜，省下来的钱积攒起来去投资，让钱生钱。富人钱生钱，穷人债养债。节省钱、尊重钱是很多富人的习惯。李嘉诚生活的节俭是尽人皆知的。有一天李嘉诚先生从酒店出来，掏车钥匙时从兜里蹦出一元的硬币掉到地上，李嘉诚弯腰去捡，一个印度保安把钱捡起来递给他，他接过这一元钱，从兜内掏出一百元港币给了保安，又把这一元钱也送给保安。别人很不解，问李嘉诚先生为何这么做，他说："这一百元港元是他给我服务，我给他的报酬。如果一元的硬币不捡起来，可能会被车碾到地里，可能会掉到沟里，就会浪费掉。钱是用来花的，但

是不可以浪费。"

我们常常说富人越有钱越抠,因为他们知道钱来之不易,而没有钱的人却往往"穷大方"。

每天记账能让自己少消费,目前很少有人还保留着记账的好习惯。目前的就业环境大家都心知肚明。一个在校大学生,月消费1800元,而在北京硕士毕业月薪起点才3000元,本科毕业起点只有2000元,年轻人不要对未来生活抱着虚无的幻想。

坚持每天记账,能知道自己的钱都花哪里去了。实在不行,三天记一次也可以啊。中国的负翁大多28～35岁,房奴、车奴、卡奴。做房奴比做车奴强。房子毕竟一直在涨价,我买完车以后才知道它们花费多大,现在我几乎每天上班坐地铁,要谈判等装面子的时候才开出去。车子是持续消费,日本的富翁每天拎着饭盒坐公交;信用卡是财务鸦片。你永远算不过银行,摆脱财务要还本而不是还息。

改变生活要从小钱开始还,还卡—还车—还房—攒钱—投资。

生钱,专心一项投资

有一句老话叫"一招鲜,吃遍天"。一生做好一件投资,你就会过上美满和幸福的生活,不是去赌。不熟不做,不懂不投,不要从众。有些钱不是你的。有的人合适在提升自我上投资从而得到更好的工作和薪水,这算是好投资;有的人在外貌上、性格上投资得到了更好的伴侣和晋升机会,这也算是很好的投资。你合适什么?别像中国ZF一样"两手都要抓,两手都没抓着"。

我看过很多理财书,里面的套路都一样,勒紧裤腰省钱,省完了以后买基金股票。每次看到这样的书我就知道作者是基本没有什么投资经历的人,以杜撰为主、添油加醋为辅弄出来的,或者是自己也常常买基金但是都是负收益的一群人就出来忽悠了。我是不太推荐这样的理财方法的。股票和基金这些东西闲钱是可以玩玩,但是辛苦钱还是先做不动产投资比较好。我觉得其实投资的渠道很多,大家仔细看看《白领2》,一定能找到合适自己的投资方法。

最近几年的股市和基金都不是特别好，股市如潮水，怎么涨的怎么退。只有潮水退去的时候，我们才能看见谁在裸泳。

现在的点位不建议进场，买基金也不是好时段。能够预测点位的只有三种人：一天才、二疯子、三骗子。退休的老人不应该炒股，他们在财务和精神上都难以承受股市的涨跌。孝顺的孩子不应该让自己的父母炒股。你见过排着队发财的吗？今年进市场的股民，三年后90%都会成为炮灰，只有10%的人能从股市里赚到钱，这是铁律！

买股票之前先问自己三句话：我有房子和保险了吗？我有急用的钱吗？我准备好坚强的神经和良好的心态了吗？

个人的水库应该分成三份：第一份是应急的钱，6~12个月的生活费。存银行，活期、定期或者货币市场基金；第二份是保命的钱，3~5年的生活费，定存、国债、商业养老保险。应该是保本不赔，只会多不会少的东西；第三份才是闲钱，5~10年不用的钱，只有这种钱才可以买股票，买基金，做房地产，或者跟朋友合伙一起做个什么生意，去做这种投资，那么必须是闲钱。

护钱，人生最怕老来穷

拳王泰森从20岁开始打拳，到40岁时挣了将近4亿美元，但他花钱无度，别墅有100多个房间，几十辆跑车，养老虎当宠物，结果到2004年底，他破产的时候还欠了国家税务局1000万美元。如果你不是含着金钥匙出生，享受应该是40岁以后的事，年轻时必须付出、拼搏，老来穷才是最苦的事情。

天有不测风云，谁也不知道会出什么事，所以要给自己买保险，保险是理财的重要手段，但不是全部。生钱就像打一口井，为你的水库注入源源不断的水源，但是光有井还不够，还要为水库修个堤坝——意外、住院、大病。我有时公事需要坐飞机，每次飞机起飞和降落的时候我都会双手合十，我并不是信什么东西，我只是觉得自己的生命又重新被自己掌握了，因为在天上不知道会发生什么。所以每次坐飞机我都买了88元保50万的意外险，这是给家人的爱心和责任。

天上没有馅饼，天上有什么？雨、雪、沙尘暴，偶尔会掉下来一个花盆什么的，一定不会有馅饼掉下来的，中国有句俗话"财不进急门"。一年40%~50%的机会不可信，要想想别人的动机，听起来过于完美的东西往往不是真的。很多中了彩票头奖的人十年后还是贫困，因为买大房子，买车，钻出来几十个穷亲戚。精神上也受不了，像范进中举，一下子厥过去。当别人给你貌似很好的投资机会时，一定别以为你就是被馅饼砸着的那个幸运儿，你应该先问自己六个问题：1. 谁在买我东西，为什么他们不买别人的东西？2. 我的钱干啥去了？3. 我挣的是什么钱，是哪个环节的钱，盈利模式是什么？4. 收益率合理吗？年收益1%~5%低，5%~8%中等，8%以上高。5. 如果我不投了，卖得出去吗？6. 如果卖不出去，可以自用吗？六个问题如果有两个以上有疑问，就不大可信。

赚钱不容易，自己要输得起的时候才去投资，安稳有尊严地生活，及时回报社会才是每个人都必须做的！

理财误区：

1. 结婚就是找长期饭票：婚姻不是最大的财就是最大的债。所以不要轻易结婚与轻易离婚。

2. 钱少，理财没什么效果：理财的秘诀是"爱惜钱，节省钱，钱生钱，坚持不懈。"

3. 我不懂理财：不懂可以学，理财并不难，任何时候开始学都不晚。

4. 理财就是发财：理财和发财没有关系。理财是未雨绸缪，帮助你的财富安全、稳健地增长，达到生活目标。

5. 理财要从众：理财不能随大流，一定是个性化的。

6. 男人和女人理财不一样：理财是人人一样的，女人更容易冲动，女人在理财方面尽量克制一些冲动消费就可以了，如果完全不冲动，就不再可爱了。男人"分析"，女人"感觉"。

专家点评：

　　培育正确的理财观点是理财的第一步，也是最为重要的一步，文中的主人公无疑深谙这一道理。文章以百万富翁为题，以"非诚勿扰"为引，但通篇文字的主体却迅速沉淀在树立正确的财富观上。遍观当今中国社会，认为有财而不炫富就如同锦衣夜行的人比比皆是，占有财富的多少成为当今社会衡量个人价值的标杆，假如我们不改变这种扭曲了的财富观，幸福的生活对于我们就好比是井中窥月一般。

　　重视财富的积累，正视风险，抵御风险这些都是正确的理财观念。我们有句老话叫做"小富由俭"，勤俭节约固然是美德，但将节俭等同于吝啬同样不可取。文中长篇提倡"积累"反对借债值得商榷。对于个人而言，选择即时消费还是积累用作投资本身并无好坏对错之分，选择即时消费的人往往比较看重即刻的满足感，而选择积累用作投资的人则更看重之后消费的满足感。从结果来看，后一种人更容易在社会上取得成功，因为他们做事往往更有计划性，更能克服住个人即时的欲望。但凡事过犹不及，我们理财的目的是通过财富的积累来实现生活目标、提高生活品质，过分强调积累而忽略了生活品质无疑是本末倒置。

　　再者，将信用卡比作财务鸦片的说法是过激的，为实现的理财目标，在不影响日常生活的前提下适当使用信用卡这一财务杠杆工具的做法是可取的，当然使用信用卡也要注意，一定要将负债比例控制在适当的比例范围内，否则一旦造成信用卡的逾期就会影响个人征信记录，得不偿失。

点评专家：刘耀华　东方华尔国家理财规划师

5万搏击50万

昵称：QQM0430
年龄：36岁
职业：自由撰稿人
薪水：不定期稿费收入，年薪10万以上

时间沉淀的百万富翁

我现在在北京边上和天津各有一套房子。我既是房东，又是房奴。我不是靠炒房子挣钱的，这是我们夫妻凭借自己的工资一点点熬出来的房子，也就是说，我们完全是工薪族经过9年积淀，成为百万富翁的（如果能这样说的话）。只不过，我们购买房子，首先是为了我们这些背井离乡、出外闯荡的人能有个家，其次，它才算是一种投资。

我2000年结婚，真正的世纪婚姻。因为相信爱情能够产生面包，所以出嫁的时候一穷二白。一年之后，我们夫妻两人的积蓄共1万元，一人分了5000元，离开了故乡，离开了原来的单位，一个闯深圳，一个赴天津。

那时，我们最大的愿望就是能拥有一套房子，拥有我们的家。分居后在两个陌生的城市打拼，站稳脚跟和挣钱存钱是我们的目标。应聘到天津单位一个月后，我开始利用下班时间踏访我暂居的这个开发区。2002年，那里的房价还很便宜，大约1900~3000的样子。我的理念是"扫尾"找便宜房子。每天下午4点左右，我步行，挨个社区询问门房，有没有尾房，并拿了笔记本作登记。就这样，经过2个月的走访，我对那个区域所有社区剩余的甩尾房有了详细了解，价格、楼层、面积、首付什么的，估计那时开个中介公司都没问题，可惜没有经济能力。

我和老公在新浪的聊天室里讨论买哪个城市的房子。当时，比较天津和深圳的价格，当然天津更适合我们消费，但是老公必须要离开深圳，和我合并到天津。

这时，"非典"来了，远在深圳的老公处于危险区，而天津这边的房子因为不如市区繁华，价格很低，我们决定让老公辞职到天津一起买房生活。2003年1月1日，老公坐飞机请假来天津，那一天，我提前要好了几个房子的钥匙，这样，老公在仅有的一天假期里在天津和我看了几套房子，最后拍板我们天津家的小区。那个小区有2类房子，一类4楼，一类6楼顶层，结构和4楼一样，只不过多一个面积60平的阁楼，价格比4楼还低，阁楼免费赠送。在天津新认识的朋友们的参与下，我们决定了6楼的房子，那个性价比更高一些，面积楼上楼下达到180平米。

借钱与还钱的艺术

当时手里只有7万,是我们俩分别在深圳和天津挣了一年的积蓄,几乎一人一半凑起来的(这一年发现,在大城市的工资远比老家高10倍以上)。我们想为孩子弄一个户口,当时在那个区,只要一次性付够20万,就可以办理户口。我们购买的房子20多万,刚够这个标准,但是我们哪里去寻找剩余的十多万呢?

找朋友借!绝对不向父母开口,是我俩的初衷。我们发动了同学、同事和新认识的老乡。我和老公合计了一下借钱的技巧:首先,借单位同事的,因为他们知道我们的偿还能力,同时大家每天在一起不怕还不了;事实证明的确如此,同事们都慷慨解囊,最低的借了2000元,最高的借了2万元。其次,借老乡的,同在异乡自然多了一份亲近,在天津新认识的老乡给了我们一定的经济支持。再次,在分配借款额度的时候不要分太多给知己,或许别人正好也缺钱花。我有十几年交情的同学知己,我当时觉得一定会借给我,但是没想到她没借,倒是没有抱多大希望的另外的同学借给我钱,甚至把买断工龄的钱都给我了,我很感动。我们拿着20万出头的钱,一次性付款买到了房子。

一天花出去20多万,对于2003年的我们夫妻来说,是个天文数字,我们父母亲一辈子的积蓄也没有那么多。看着点钞机数钱,我觉得我们真了不起。

买房子就要装修,同时要偿还借的钱。这个借朋友同学同事老乡的钱,不像借银行的,我们得尽快还钱。所以挣的钱分两份,一部分装修,一部分还钱。还钱也是有技巧的!借得少,先还给他们,毕竟还了一个人就少了一个;然后借得多的朋友,也不要最后攒齐了一起还,手里有钱就会花掉,我们的经验是每隔一段时间还5000元,分几个月还清;最后是的确关系特别铁的可以最后还的,不过期间经常给她买小礼物和请吃饭,同时告诉她,大约还钱时间,别让别人觉得借完钱就不认识人了。这样,经过1年多的努力,我们偿还了14万的外债,并且所有借过钱给我们的人都还觉得我们夫妻是靠谱之人。

再去北京弄套房子

从2005年开始,我们开始注意北京的房子了,当时在比较便宜的通州果园梨园一带看了很多楼盘。巴克摩界，是我们关注的一个楼盘，当时某个周末交1万定金买期房。因为身在外地，委托北京朋友帮忙，但是阴差阳错没弄到房号。不过，那几年一直要在北京买房的想法不断，所以有机会来北京就继续关注通州的房子。

2007年夏天，我生孩子回老家养育孩子。老公一个人周末跑北京玩，遇到燕郊发传单的了，听说房子才3500元每平，马上跑去看。一片空地，只有图纸。老公打长途告诉我，咱们在北京买房子吧！我犹豫，不想再过还借款的日子了。老公说服我，说这个机会我们要抓住。到了年底放号，估计100平米的房子得50万左右，可是我们手里才5万！

老公还是在长途电话里给我做思想工作：我们当年只有7万搏了20多万的房子，现在用5万去搏50万的，应该没问题。而且，等你有了50万再动手，房子恐怕又得好几百万了，你的积蓄永远也追不上房价。于是，坚定地拥护老公的决定。

好在不用一次性付款，房贷还是3成的。照瓢画葫芦！还是向别人借钱渡过难关。买第二套房时就最好别向第一次借过钱的人再借了，当你一套房都没有的时候借钱买是刚性需求，借给你是交情；买第二套的时候就是投资了，借钱投资会让被借的人心里不舒服。考虑到我们在天津也有了几年公积金了，当时第一套房子没有享受到公积金，现在听说你外地消费房子，可以消费多少报销多少，只要你账面上有，所以必须得先借钱消费，然后凭借首付发票去从公积金提款。公积金大约两个人合起来有8万元，于是问两个老乡借了8万。后来双方父母给支援了几万，这样我们的首付到了交房款时就翻倍了，交了20万，贷款30多万。

给两个老乡打的欠条是一年内还清8万，但是没有想到，房地产公司不能给开首付发票，只提供收据，这意味着我们必须很短时间内还清8万。很难！我们没黑没白地干活挣钱，找外活挣钱。不知道奇迹是怎样发生的，我们居然半年时间还了8万！要知道，那时候我俩每月工资合起来才5000左右。现在想想能在那么短时间、工资那么低的情况下还了老乡欠款，真是压力产生奇迹！

现在，我们辞去了天津的工作，双双来到北京，在北京边上的燕郊落户生

活,过着既是房东又是房奴的日子。天津的房子出租出去,用来抵消燕郊的房贷和简单支出,其余靠自己写点东西贴补家用,足够了!

总结过来,天津9年前的投资产生了回报,一是出售产生的差价,完全可以让我们成为"百万富翁",但是我们目前依然选择出租,那个是我们奋斗的房子,我们要暂时保留,使用出租的钱来以房养房;二是,我们提前5年在北京投资房子,为今天移民北京作铺垫。想想,幸亏提前买房了,后来北京通州房子巨涨,燕郊房子跟着水涨船高,现在买燕郊的房没有贷款,都得一次性付款,我们哪来的钱全款付呢?

再说说那个因为没有首付发票而当时没有提取出来的公积金吧。2010年,当我们双双辞职离开天津时,按照当地的规定,外地人离开天津,可以凭借身份证和辞职签约书,一次性提出账户内的公积金。由于我的公积金在这几年的还款中,已经陆续提取出来了,剩下老公存了7年有近6万的公积金,我们提取了出来,考虑到1比1的利率,我们还是提前给银行还贷了。这样,每个月的贷款压力又减少了。呵呵,当年拼命省出来还给老乡的8万,硬是被压在公积金里,现在取出来,顿时让我们感到轻松了很多。所以,强迫自己存钱,经过一定年限,那笔财富还是不小的。就好像无意中在书中夹了100元,多年之后翻书发现以后,那种喜悦漫上心头!

说来说去,还是一句话,夫妻两个人同心同德,共同努力,提前一步,预想和规划未来,才能抵制未来(过去的未来也就是今天)的通货膨胀。另外,你手头没那么多钱,要想买到房子,不要等积蓄一点一点积攒,而是果断行动,借钱买房子。当然,借钱也不是随便能借到的,家里亲戚未必都能指望上,何况同事、同乡、同学呢。这个时候,你还钱的诚信度、你平时做人的踏实度,自然给你加分了!当然,我也参谋给我借钱的人,给他们支招,也使他们投资挣了钱,他们与我们同乐同乐!

专家点评：

　　文中的夫妇同心同德一起规划未来、筹划未来并为未来的生活一起吃苦、奋斗的故事着实感动你我，但是站在理财的角度，他们的理财经验与理财理念仍然有一些地方值得推敲。

　　首先，科学的理财观念推崇的是科学健康的生活方式而不是单纯的以资产的多寡来衡量理财的成功与否，统观文中夫妇以5万搏击50万的全过程，暗礁密布，许多隐藏的风险并没有爆发，例如：他们的家庭没有足够的风险保障，而家庭的负债比例却长时间处于安全线以上，假如在2003年至2004年间夫妻双方的任何一方遭遇到重大疾病等意外，那么他们家庭的处境就不堪设想了。

　　其次，家庭的购房消费支出占家庭的收入比重过大，势必影响家庭生活其他方面的开支，进而会影响到家庭生活质量，通过文中的描述我们可以想象到这个从5万到50万的过程就像在一个拉近的钢丝绳上行走，其中的危险与艰辛并不是我们每个家庭都可以去尝试的。

　　再者，2000年到2010年这十年间恰好处于中国房价飙升，资本市场资本充裕的阶段，在这个阶段借款买房，以房养房确实使很多人获得了超值回报，但是当房价企稳甚至下降，资本市场收紧的时候，文中的"手头没那么多钱，要想买到房子，不要等积蓄一点一点积攒，而是果断行动，借钱买房子"的论述就显得有些许武断了。

　　最后，我们来讨论一下家庭资产负债应控制在什么范围内。

　　家庭资产负债应控制在什么范围以内？我们将家庭资产负债按归还期限划分为"中长期负债"和"短期负债"，其中"中长期负债"要看家庭的中长期收入，而"短期负债"则考验家庭资产的流动性要求，考察中长期负债的资产负债比率，即总负债/总资产应该不高于50%，而分析短期负债的"债务偿还比率"等于每月偿还额/每月税后收入，此比率一般来说应低于35%。

　　　　　　　　　　　点评专家：刘耀华　东方华尔国家理财规划师

白领理财日记 2

80后曾经的压岁钱变高价收藏品

昵称：Toy
年龄：80后
职业：法律工作者
薪水：月薪10000元

关于钱币的记忆

80后的童鞋们还记得这些钱么？黄色的一分的，绿色的两分的，红色的一块的。"我在马路边捡到一分钱"唱的就是这个，不过如果你捡到了，可千万不要"交到警察叔叔手里面"了呀，不只是因为可能现在的警察"叔叔拿了钱，买了一包烟"，更因为这个钱现在已经是收藏品了，你们手里有没有很多1980版的钱币？哈哈！我小时候有收藏过好多呢！

小时候我很喜欢收藏糖纸呀、银币呀之类的东西，也收藏这样的压岁钱。我记得当时妈妈每年给我的压岁钱都是新的1块钱的；爸爸喜欢给5块面额的；爷爷最大方，给的压岁钱都是10块钱一张的，大概10张；奶奶很小气，就给很多张1毛的，看着鼓鼓的一个红包，加起来还没有爷爷给的一张多。而我们几个表兄妹之间也会相互交换给压岁钱，就是1分的，5分的纸币和硬币。1分的

纸币多了就被拿来叠成千纸鹤穿成门帘挂起来，或者叠成小菠萝挂放床边。

上周在北京的表哥给我打电话："表妹，我记得你以前有很多1分的千纸鹤，还有很多硬币，还记得么？现在看看还能让姨妈找到么？钱币升值了。1980年版1分钱硬币能卖到1500元；86版的长城币就更不得了了，一套长城币总面值仅1.88元，市价却高达15万。"

我不相信："侬是不是要出差来上海怕我不招待你呢？"

表哥着急了:"死囡囡,真的!不信我给你发一堆资料过去。"

真是不看不知道,一看吓我一大跳。

"一毛钱"就能买一辆车

表哥说的那套天价硬币还真是确有其事。作为当代中国流通纪念币的开山鼻祖,"长城币"是由铜镍合金和铜锌合金制成的流通币,得名于背面的长城图案。这种货币发行起于1980年,至1986年结束。"长城币"仅发行了7套。一套长城币包括1分,2分,5分,1角,2角,5角,1元7枚,总面值1元8角8分。可能正是因为发行量小,所以现在才会被炒得价格越来越高。

图1

(图1:就是这个啦,你家有木有?我有几个5毛的,娃哈哈,我得意地笑)

图2

在这些资料里,我还看到了我非常熟悉的角币。小时候一角钱就可以买不少东西呢,一角钱就能买到一大把糖果,还可以买到好吃的冰棍,当时表哥没少骗我花钱买好吃的。想不到现在一角钱的价值也被炒了起来。

在面值是1角的角币中,最值钱的是第三套人民币中的一角纸币。它的发行时间是1960年,票面主体为枣红色,因此被称为"枣红一角"。就是这个!我没有什么印象,好像没有见过,不知道你们有印象没有?

这张图2中1毛的之所以值钱,是因为一个失误造成的。在这套纸币的发行之初,细心的人们发现券面图案中的人物自左向右前进,当时那个年代,正在进行"路线"之争,大家对方向问题很敏感,这个图案无疑是犯了严重的"右倾"错误。因此"枣红一角"没怎么流通就遭到严苛的回收销毁,存世量骤减。而这个钱币上的"路线错误"却使"枣红一角"在今天成为收藏界的宠儿,集万千目光于一身,已成为各路藏家奋力寻求的稀世珍品,至于它到底值多少钱,这个恐怕一时半会儿还真不好说清楚。

我收藏比较多的是这种普通的1角的,但愿其中能有一张背面是绿色的。当年,为了挽回"枣红一角"的错误而随后发行的是"背绿一角"(图3)。但这枚1角钞票同样没有一个很好的命运。因为它的背面颜色跟当时发行的2角纸钞背面颜色相同,都是绿色,在交易过程极易造成混淆。因此这种"背绿一角"仅使用了14个月,也遭到了被回收的命运,成为历史上流通时间最短的纸币。但也正因为这样,加盖五角星水印的"背绿券"如今市价高达五位数。

图3

那它到底值多少钱呢?我查了一下,一张1角背绿水印的市场价格竟然达到了5万!如果按当时的价格来算,我可以买多少根冰棍了?估计够我从小时候一直吃到现在了吧?

我记得以前最小气的奶奶就最喜欢给我们一包这样的压岁钱了,鼓鼓的红包里头塞个十几张几十张,不过当时我已经花掉一些,留下来的不多,应该就几张,555……肠子都悔青了!

从"月光白领"到"百万富翁"

我越看越觉得我有可能要发财了,因为我的小铁盒子里,还真收藏了不少的分币和纸币,因此我开始详细地查询各种钱币的市场价值。这时表哥发过来的一条消息吸引了我的眼球:

6年前春节时,王先生到银行取了3沓(每沓100张)50元人民币,准备给孩子们做压岁钱,当时给压岁钱用掉了两沓,剩余的一沓一直扔在抽屉的角落里没用,王先生自己都忘记了。

前几天他的妻子整理房间时发现了这沓崭新的50元人民币,正好有一位懂点收藏知识的朋友在家,无意中就提了一句:"你这沓是80版的50元,又是连号的,现在恐怕值不少钱了吧。"王先生跑到收藏品市场上咨询了一下,问来

的结果吓了一大跳：原来80版的50元目前的市价居然是4200元一张，也就是说这一沓 100张50元，面值只有5000元，售价却已经到了42万元！

看到这条消息，我比王先生还要高兴。想当初，我收到的压岁钱中，也有不少是连号的。我喜欢收集新币，崭新的纸币我都收藏起来不肯花，连表哥哄我买东西我也没舍得花的。如果我的收藏中真的其中有几张类似王先生这样的纸币，那至少可以帮我买一个我惦记已久的COACH包包和belle的鞋子也不错呀。

想到这些诱人的情景，我不禁咽了下口水，赶紧记了下各种纸币的市场价值：

目前身价排名前五位尚在流通币种（单张纸币）

排名币种印版 3月份市价（约）

1. 80版50元四版纸币（1980年印）4200元
2. 80版100元四版纸币（1980年印）1400元
3. 90版50元四版纸币（1990年印）220元
4. 90版100元四版纸币（1990年印）185元
5. 99版100元五版纸币（1999年印）125元

……

突然我在资料中发现了一张熟悉的纸币：已经不再流通的2元纸币。

2元面额的人民币自从1999年就被取消发行了，在货币流通领域已经很少能看到2元人民币的身影了。但最近受各类资金炒作影响，各种版本2元面额的人民币收藏成了纸币收藏中的黑马，价格较前几个月出现不同程度的上涨，尤其是第二套1953年版的2元面额人民币，目前南方市场报价最高已达800元左右，上涨非常迅猛。

现在的纸币收藏市场不断升温，尤其是新中国成立以来前四套人民币套币，收藏价格涨势迅猛。1990年版2元面值纸币，目前价值已达十几万元。

哈哈！十几万元啊！我得意地笑。我有这种绿色的宝贝！不用多，只要有两张，就拥有一辆漂亮的代步工具了。想想买什么好呢？POLO，福克斯，标致207……我仿佛看到我的爱车正缓缓向我驶来。那下次再去聚会的时候，就不用挤公交，或者排队打出租，有些优雅是需要实物来垫底的，不管车的价值大小，至少可以让我免受挤车之苦啊……

周末，我赶快回了家一趟，看看我的宝贝还在不在。还好，它们都安安静静地躺在那里呢。哦，天呀，按照市场上的价格，我的这些东西已经超过100万了。忽然一下就从"月光白领"变成"百万富翁"，我感觉脚底轻飘飘的！你们应该也会有这样的钱吧！赶快回家找找呀！

卖到哪里去呢？根据我自己了解的收藏的钱币有几个回收渠道，一是卖给当地邮币卡市场的档主，他们对好藏品肯定有兴趣，只是会把你的价砍得很低。在北京、上海都有很多这样的市场。有专门的商店售卖纸币，当然同时他们也回收。第二，可以在网上交易，比如淘宝，或者注册一些钱币交易论坛，比如一尘、集币在线等，在网上和收藏爱好者交易。

在本书后面的附录有我列举的北上广的具体回收地址，大家可以去看看哦！

Tips：知识链接

人民币收藏价值的高低分成两个方面，一要看人民币的珍贵度，二要看人民币的稀缺度。

1. 有故事的钱币就珍贵

有故事的人民币票券主要是看它的出身，比如产生的政治历史背景、票面形式特征、年号及冠号特征等标志来评定。例如第一套人民币200元佛香阁票券正背面以暗记形式刻有"解放全中国""拥护毛主席和平条件"两条政治宣传口号，这些文字充分反映了当时的革命形势和政治目标，是珍贵的革命文物。我国流通的硬币共发行过四套，分别为第二套人民币硬币，俗称硬分币；第三套人民币硬币，俗称长城币；第四套人民币硬币，俗称牡丹币；第五套人民币硬币，俗称菊花币。由于每个版本的时代特征都非常浓厚，如二版的革命意识形态、三版

的工农兵特征、四版的民族特点等，所以也成为特殊的收藏题材。

人民币上的年号表示票版的设计制版时间，一般在每套人民币中，设计制版时间较早的票券较珍贵。例如第一套人民币中的50元水车、矿车00000001票券为国内藏家石雷先生所收藏，被称为稀世珍宝。

此外，我国第二套人民币3元、5元（1953年版酱紫色）、10元三种大面额票券，由于受当时印制条件限制，委托苏联代印，因此，这三种票券就比较珍贵。

2. 稀缺的就能卖好价钱

一般来说，人民币发行年代越早越稀缺，因为纸币不能长期保存，例如第三套人民币中发行最早的1960年版枣红色1角券和1962年版背绿1角券，现在已很难见到，是第三套人民币中最稀缺的两张票券。

其次，面值大的比面值小的更少。因为高面值人民币大多都被收回了，除特殊情况外，民间一般不会保存。

3. 特立独行的家伙总是能独占鳌头

纸币其编号多是七八位数，在数字的排列上就会出现一些特别的号码，如0000001号，就是第一张；全同号，如6666666、8888888，以此类推，以一千万或一亿张发行统计，出现全同号的纸币只可能有几张，其珍稀程度可想而知。此外，顺序号、对称号、多重尾号、重叠号等也都可作为特殊号码收藏。

4. 没有挨刀的连体钞也很不错呀：

连体钞是指多张连在一起未裁切的流通纪念钞，最常见的有二连体、三连体、四连体、八连体和整版钞。我国迄今为止，共发行过20多种连体钞。目前，市场上可供投资和收藏的主流品种有：以第5套人民币100元券为载体的3连体；以第5套人民币100元券、50元券、10元券为载体的4连体；为庆祝中华人民共和国成立50周年而发行的人民币纪念钞3连体；为纪念新千年而发行的新世纪纪念钞双连体（俗称"双龙钞"）；以中国银行发行的10元澳门钞和澳门特别行政区发行的10元澳门钞为载体的4连体、全张连体。

专家点评：

近几年，人民币藏品的价格不断攀高吸引了很多人的目光，其实在收藏品市场中，人民币藏品价格从2007年就开始持续上升，只不过近两年价格上升的幅度加大，在交易中一夜暴富的故事能听到很多，追寻人民币藏品快速升温的背后因素，我们大致可以概括成以下几点：

第一，对于一些人来说收藏人民币是一种兴趣与爱好；第二，人民币收藏能够较好地对抗通货膨胀；第三，人民币收藏是一种不同于房地产投资，贵金属投资，证券投资的一个投资渠道；第四，游资的炒作。

其中，第一点是人民币藏品价格上升的一个重要因素，但是它绝对不是价格短期内暴涨的因素，因为人民币收藏爱好者数量增加得没有那么快，与第一点相反，货币流动性过剩，短期内投资渠道的单一以及炒作都是人民币藏品价格暴涨的因素，对于我们普通投资者而言，从长期来看，由于人民币藏品的稀缺性，使得人民币藏品仍有一定的价格上涨空间，但是就短期而言我们一定要谨慎地参与，防止成为击鼓传花游戏的最后一个接花人。

对于一些人民币收藏的新手还要有几点需要注意：

第一，网上的交易指导价格往往比实际市场中的交易价格高出很多。

第二，同一套同一面值的藏品的细微差别构成了极大的价差，举例来说，是凹版印刷还是平版印刷，人民币数字前的罗马数字是红色还是蓝色，有几个罗马号，这些都构成了人民币藏品的价差。

点评专家：刘耀华 东方华尔国家理财规划师

玩微博，我月赚2万

昵称：不敢说（说了就会被河蟹，哈哈）
年龄：开始怀旧的75后
职业：网络工作者
薪水：月薪7000元

话说微博这东西虽然兴起的时间不长，但是已经很得人心了。其应用范围之广，恐怕连最初发明微博技术的人都没有想到：你看有人用来聊天，有人用来传情，有人用来炫富，有人用来人肉，有人用来咆哮，有人用来骂城管，有人用来自杀直播，有人用来发布私奔消息，有人用来和小三讨论定哪里的宾馆，当然也有人用微博赚钱——对，没错，我就是那个用微博来赚钱的人。

微博为什么赚钱？

微博怎么能赚钱？微博怎么赚钱？微博怎么不能赚钱？粉丝就是钱！在微商界，客户给钱的多少都是根据你的粉丝数量来定的。你微博上的粉丝数量，就决定着你是"不入流"，还是个"腕"：假设你在微博上发一条广告，在你的粉丝分别为1人、10人和10000人的不同情况下，你的广告起到的作用肯定也会完全不同。而商家看中的正是这一点。如果你的微博拥有10万粉丝，不用你去找，自然会有商家找上你，那时候，你就是个随时发送的广告站！

一般做微博做得好的人都知道，10万以上的粉丝才能"接活儿"，也就是转发广告，一般一条不带链接的广告是150元左右；如果你们的粉丝超过了100万，那么恭喜你，每转发一条链接的价格已经在1000以上了，这些都是行内价。许多新书推荐、淘宝的网购等都喜欢用这样的方式，特别是有链接的，效果是非常地明显。我曾经和一个业内挺知名的出版公司合作，他们只要一出新书我就每周给他推一次链接，出版社发现，只要我一推链接，当天的销量最少会增加10倍以上。

微博除了能链接广告赚钱以外，还有一些衍生的赚钱方式，就是帮人刷粉丝。之前我已经介绍过了，粉丝就是钱，一般刷粉丝的价格是200块钱一万个。操作"刷粉"的人一开始会比较辛苦，因为要申请很多小号，当然也有几个人联合起来一起做的。比如你申请5000个小号，我再申请5000个小号，我们一起去给一个博客加粉，加完以后赚的钱平分。别看这样赚钱好像看起来很辛苦，其实只要申请完这些小号以后就可以一劳永逸。每个小号都可以关注很多人，无非就是关注的时候要连续登录比较麻烦。

这样的小号一开始的时候都是"僵尸粉"。所谓"僵尸粉"就是指关注人没头像、不发言的，一旦被发现很快就会被河蟹掉。但上有政策、下有对策，"刷粉"的人也越来越聪明，都上传了头像，偶尔会发一两条微博，谁也看不出来哪个是"僵尸粉"了。

微博赚钱其实不难。我总结了一下我微博赚钱的经验，其实说白了就是四个字——我云人云。打个不太恰当的比喻："三人成虎"的故事很多人都知道，如果一个人说闹市出现老虎，谁都不会相信；如果两个人说闹市有老虎，有人就会怀疑；如果三个人，或者所有人都说闹市有老虎，那人们就会相信了——这就是舆论的影响力。

其实微博赚钱与"三人成虎"有异曲同工之处：如果我有一位粉丝，那么我的消息可能会被他告诉别人；如果我有百位粉丝，那么我的消息可能会被更多的人传递；如果我有十万粉丝，那么传递我消息的人就会更多。

如何增加粉丝？

想赚钱，就要有粉丝，粉丝越多，你赚到的钱就可能越多。想靠微博赚钱，首先要做的就是增加粉丝。

首先，要把自己的微博做好，当然不是简单地发发感慨、转转东西就可以的，而是做好、做完善。

刚开始的时候，我使用的办法是最古老的"狗咬狗式"——呃，这是我自己起的名字，虽然有点难听，不过确实就是这么回事：我先关注了你，然后你就关注了我；我关注了另一个你，另一个你也关注了我……就这样，我每天都不停地四处游荡，不停地加收听，粉丝也就渐渐多了起来。但这样真的太慢了。后来，我在网上搜到了"互粉联盟"或者"互听大队"这样的组织，就是为了增加粉丝，大家就你关注我、我关注你。我用过新浪的这类组织，确实加粉丝很快。不过如果是腾讯微博就有了限制，每天只能收听100～200人。经过了解，我发现了一个小窍门：在QQ空间里添加一个微博应用，在这里面收听别人的话是没有数量限制的，只要有时间有精力，一天收听3000人都可以。

再次，加粉丝最快的方法就是投稿。我记得当时我开始投稿的时候粉丝才6800多，一个偶然的机会，我的一条消息被当时一个已经很有名的微博（他当时的粉丝量已经超过50万）转发了，那天加我的人居然就多了100人。我开始有所感悟了：原来跟着成功人的脚步真的有效。于是我就私信给他，希望我能每天搜罗新鲜笑料，然后投稿给他，没有想到他居然答应了。我后来才知道，其实找他投稿的人多了去了，只不过我这人比较傻，有什么说什么，很快就和这位名博主成了朋友。我叫他大哥，他也就常带着我。每次我投稿，他都会@我，往往只要他一@我，我的粉丝就会爆满。说到投稿，还是要自己有"料"才行。我找的"料"都很搞笑，粉丝转发后被朋友或同事看到了，自然也会关注。

除此之外，我还会去观察那些活跃度大的人。比如某位明星大腕，再比如某些知名企业，尽量去评论或者转载——我发现这也是增加粉丝数量的一个好办法。

微博名字怎么取？

微博一定是内容为王的。短短的100多个字要让人觉得有价值、愿意转，是很需要匠心雕琢的。

一个微博的名字是很重要的。我们看到很多微博之所以有名，都是因为定位特别清楚，什么冷笑话、乐翻你、哆啦A梦、韩寒××、萌宠×××、健康×××、理财×××、好狗好猫流浪义工团等等。从这些名字上其实能看出很多东西，他们的定位都非常清楚。

微博粉丝达到20万以后，我也经常遇到一些刚进门的小师弟、师妹想经营微博的，希望我@他们，但是我一看名字就不想@了。这些微博的名字都很普通，比如"张小姐织微博"，这样的名字就只合适自己玩，如果用来做经营就会很失败。因为别人根本不知道"张小姐"是谁，她的王牌是什么。如果把名字换成是"张柏芝织微博""张朝阳织微博"那就不一样了，这就是名人效应。

还有人把名字取得太笼统、范围太大了。比如之前有一个做考古的来找我帮他推广微博。他微博的名字叫"博古论今"。我就给他提议说：做学术的也能叫博古论今，民间业余爱好者也能叫这个名字，大学教授、图书管理员或

者自认为肚子里有点墨水的二吊子也都能叫这个名字,你还不如叫"考古论今"。虽然也很正,不适合微博交流,但至少在定位方面要稍微好一点。所以一个好的名字和定位是一个名博炼成的第一步。

什么内容最让人感兴趣?

有了名字以后就要围绕你的定位发相关的内容。一般来讲,轻松的、有趣的、实用的、图文并茂的小微博是很容易引起大家共鸣的。

之前我讲到了,我的微博粉丝还只有6800的时候,遇到一个名博@我稿子,原因就是因为我的内容很好。如果你的粉丝已经超过了5000,你就可以一边投稿一边做好微博内容,让你自己的粉丝们愿意转帖,粉丝转粉丝,加粉的速度也会很快的。

轻松的主要是笑话和小幽默。目前粉丝在10万以上的名博有八成都是靠发笑话起家的。大家玩微博最大的一个功能就是"娱乐",怎么开心怎么来。因此搞笑图片、搞笑语录都是必须要有的。

再有就是实用的。我记得我发过一个"公交车安全座位"的微博,就曾有

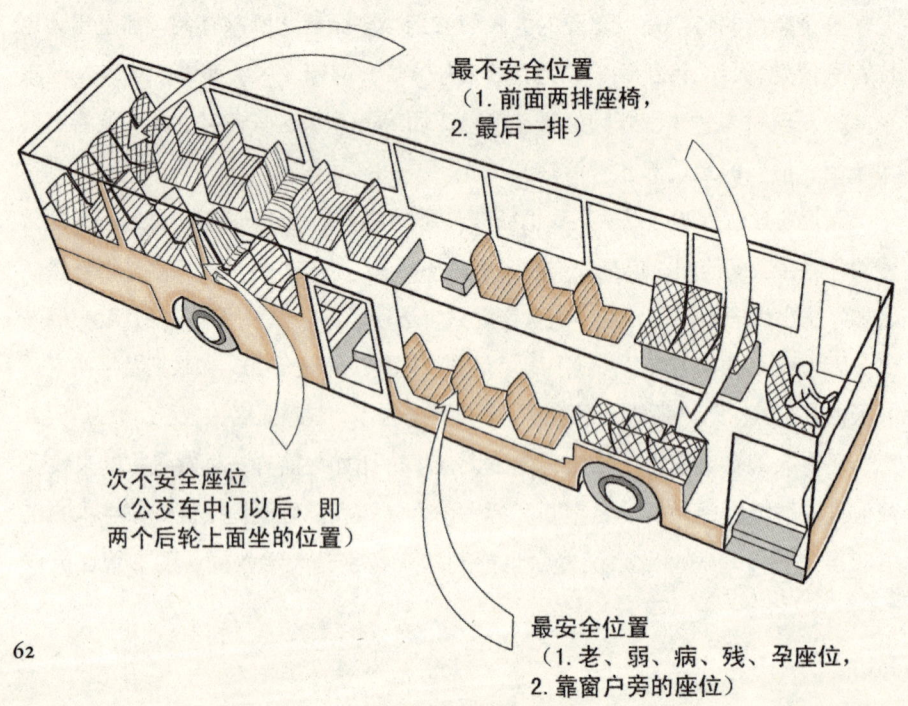

超过1000人转帖。微博内容大概是这样的:"看到的都要转!公交车安全位置报告,你每天都坐在什么地方?出门在外不容易,照顾好自己!"图片配的是上图。虽然寥寥数语,既有知识又打温情牌,这样的微博你看到会不转?所以这个发出去以后就被很多名博盗用了。不过他们没有@我,而是直接盗用,用自己的名字重新发。哈哈,目前这样的事情很多,大家相互@,相互不用转帖。

从商家的角度来讲,当商家选择微博合作的时候,他首先要考虑的并不是你的粉丝多寡,而是你适不适合给他做广告。这主要由你的粉丝群来决定——可以想见,一个做化妆品的公司,是绝对不会选择一个粉丝都是棋牌爱好者的微博来做广告的。

我的经验是:多发些实用的,少发些过时的;多发些搞笑的,少发些伤感的;多发些有深度的,少发些浮皮潦草的。至于什么是实用的,什么是搞笑的,什么又是有深度的,请询问度娘……

什么时候发微博最有效?

发微博的时间也很重要。我经常见到一些新进来的小朋友,一大早起来,一高兴就刷刷刷地发30条微博;第二天心情不好,就一条都不发——这样其实是非常伤粉丝的。试想,一个粉丝如果一早上打开微博发现全是你发的东西,他的微博都被你刷屏了,他的第一反应一定是取消对你的关注,因为你让他看不到别人的消息了。

不同时间发不同的内容也是很有必要的。比如早上9点左右,大家刚到办公室,或者还没有到办公室,你发一些和堵车相关的消息,或者发一些励志的内容:"今天你一定要开心,因为这将是往后日子里最年轻的一天。"这样的消息就很容易引起共鸣。

中午,吃过饭以后,大家血压升高,都想换换大脑休息一下,你发一些有图的、一看就能笑、不需要动脑子的内容,就比较受欢迎。

下午5点以后,大家都基本回家了,可以发一点温馨的让大家放松的美文、美图:"生活里,有很多转瞬即逝,像在车站的告别,刚刚还相互拥抱,

转眼已各自天涯。很多时候，你不懂，我也不懂，就这样，说着说着就变了，听着听着就倦了，看着看着就厌了，跟着跟着就慢了，走着走着就散了，爱着爱着就淡了，想着想着就算了。"这样的内容就很容易吸引粉丝。

不过我说的这些方法都是在和你的微博定位不冲突的情况下才可以采用，比如我举例的"考古论今"这样微博就不适合发这些内容，对自己一点好处都没有。有些粉丝不是你的，争取过来也没有用。

广告要小心打，粉丝伤不起

前面我讲了大概的广告价格，10万粉丝转发一条广告大概是150元左右，50万粉丝的大概500块一条，100万粉丝以上的基本1000块钱一条。有的人一听就乐了，那我50万粉丝以后每天发10条广告就当一个月工资了。

其实这样是不行的，微博做得好的人都知道，一发露骨的广告就容易掉粉丝。所以我很少接比如文字为"今年过节不收礼，收礼就收脑白痴"，然后图片是一个脑白痴包装盒子这样的硬广告，这样的广告一发，就会大片大片掉粉丝，并且掉以后他们就再也不会关注你了，粉丝伤不起。

我一般接广告都会接产品本身信誉还不错的，然后有内容还要有趣的，如果没意思的我会自己编成有趣的。比如之前你们看到的这本白领理财的书也让我做过推广，但是我不像一般广告一样吆喝："出书了快点去买呀！好书呀！"然后再发一个大封面。我做得比较巧妙，我的微博是这样写的：

"男士去书店买书，问：《不加班的工作》有么？店员：科幻类图书没有。《我是打工皇帝》呢？精神病妄想类图书也没有。不如来个靠谱抗通胀的，《白领理财日记》有么？有，在当当网抢购呢。"搭配一个有精神幻想症的搞笑图片发出，结果这条广告不但没有被粉丝抵触，反而被当成笑话，转发人数在100之多。

还有，当粉丝还不够多的时候要慎重接广告。我粉丝刚过5万的时候，有一家公司找上了我。我只要每天发3条与这家公司的产品相关的广告，就会按每条200百元的标准结账。我告诉我的那位大哥，他告诫我：不准接，接完对你一点好处都没有,不要为了眼前的小利益而妨碍自己的成长。

我是粉丝到了10万以后才开始接广告的,而且对广告内容控制得很严格。虽然收入不多,但对于我这种只把微博当乐趣的人来讲,也算是意外惊喜了。现在我的粉丝数量已经过了50万,而且每天都在增长。找我做广告的人也越来越多,我从微博赚到的钱当然也在翻番。

有时候,我也会想,如果哪天我的粉丝超过100万,那么我赚到的钱……打住!就到这里!俗话说"意淫止于事实",现在我的粉丝连80万都不到,想百万粉丝的事情有点为时过早。不过反正我对此也是无所谓的态度,我相信,只要我一直做下去,迟早会有突破百万的一天。

目前看来,我的微博赚钱之路还算顺利,至少现在我的房租和日常开销都可以用微博的收入来应付了。

不知道朋友们还有没有其他用微博赚钱的好点子。如果有的话,不妨说出来,大家多多交流,多多赚钱!

专家点评:

2010年开始,微博以其独特的优势发展迅速,而其因强大的商业潜力而成为网络营销的新阵地。案例的作者也从中看到了机遇,而且正在试图抓住它。利用微博赚钱,很新颖,似乎也具有一定的可操作性,但我们认为应适度、量力而行。

案例中谈到了利用微博吸引大量关注(粉丝),再与商家合作,以所拥有粉丝为目标客户进行广告宣传,收取一定广告费。这与网站追求点击率,广播电视媒体追求收听(视)率,从而网站上、节目中插入广告宣传,向商家收取广告费的盈利模式在本质上是一样的,影响其能否盈利以及盈利多少的关键点就在于粉丝/观众的数量。关注(粉丝)越多,博客也就越有价值,不同基数的粉丝所带来的广告收益差别很大,正如案例中所提到的:10万以上粉丝广告价值150元左右;一百万以上粉丝广告价值1000元以上。这其实就是我们在网络经济学中经常所讲的梅特卡夫法则（Metcalfe Law），即网络价值以用户数量的平方的速度增长；具体来说就是网络经济的价值等于网络节点数的平方，网络产生和带来的效益将随着网络用户的增加而呈指数形式增长。在此法则下，微博盈利的主要瓶颈在于其吸引关注（粉丝）的能力有限，而且从马斯洛需求层次理论来说，使用微博的群体（即目标客户）所追求的是精神性价值需求，属于马斯洛需求层次的较高层，反映了该群体的综合素质及社会地位基本处在社会中上层；要使用有限的微博工具（新颖的文字、有趣的图片等）来长期吸引这样的群体关注，难度可想而知。

至于案例中所提到的以为别人刷粉丝的方式赚钱，属于较低级的、运用简单重复劳动盈利的模式，我们对此持保留意见。

总的来说，我们对用微博赚钱的方式给出以下建议：

对微博有兴趣的朋友可以尝试，但最好是将微博赚钱作为玩微博带来的附加值，目的性不宜太强。这种模式前期需要投入大量时间、精力，所需要承担的机会成本较大，而且在信息爆炸的当代，各种广告媒体宣传手段应接不暇，从长远来看，此种模式盈利可持续性不强。

其次，对已经开始以此方式盈利且收益不错的朋友来说，如果已经度过了前期投入阶段，保持并扩大自己的份额是当务之急。转变经营方式，开辟粉丝们更多的价值需求点，跳出单纯的靠文字、图片吸引眼球的泥潭，对以此方式盈利的博主们进行资源整合，形成规模效应，都是大家可以考虑的方向。

点评专家：牛劲松 东方华尔学员 国家高级理财规划师
中国人寿北京分公司四区部门经理

人脉等于钱脉,
如何进入富人圈?

> 昵称:**熊熊家的太太**
> 年龄:**80后**
> 职业:**海外媒体外联**
> 薪水:**月薪3000+(上限取决于绩效、奖金及被动收入)**

物以类聚，人以群分。有个调查的结论会让你吃惊：你身边最亲密的5个好友的平均收入就是你自己的收入数。如果想提高自己的收入，就一定要多跟比自己有钱的人学习。

熊太太是一名三线城市的普通小白领，每天为绩效和奖金努力认真工作，平时最大的爱好就是理财。曾经有一段生活的全部内容是"白天狂抢钱，晚上钱生钱"，现在回头看还真是"欲仙欲死"的一段有趣岁月。

白天专注于开发公司项目，用心伺候每个客户，争取每一分钱的收入；晚上下班狂啃理财书，泡理财论坛，学习与交流理财心得，力争把口袋里的每一分钱都分工好派出去挣钱。熊熊家的理财目标是让熊宝宝成为"富二代"！

我们从2007年开始试水基金，到2009年夏天开始正式学习理财，时间不长却收获颇丰：除了投资账户账面数字以加速度增长外，还跟网友一起学习薅羊毛，获得各种银行或商家赠品无数；并且参加各种征文比赛，分享理财心得，不仅总结了自己实践过程中的经验教训，也从网友的回复中得到指导与建议。更意外的是获得了不少征文比赛的奖品：虚拟物品，实物纪念品，小额现金，甚至是贵重电子产品……2010年底除了工作与日常理财，也拥有了份自己的小事业，被动收入日益见长。

谈起理财可以复制的捷径，熊太太总结：人脉等于钱脉，处理好人际关系，选择好合适的学习对象，是我理财道路上借力用力的制胜法宝。先跟大家分享几个我碰到的"财富贵人"：

理财启蒙老师

我最早的理财启蒙贵人是同事的老公。2007年时他是广发证券福建南平的某经理，因为我和同事私交不错，闲时聊天提到对理财的兴趣，于是她让老公帮忙，安排了我们几个同事一起去上了福州理财的启蒙课。这堂课通过生动的图表及大量的历史数据，循序渐进地让我了解到了财富增长的秘密。我不禁惊讶于通货膨胀的无情及复利的强大，深刻认识到理财的必要性和紧急性。12存单法、基金定投、债券等几个理财工具的简单介绍，让我了解到打理资产并没

第2章 从白领到百万富翁

想象中那么高不可攀。它是我人生转折的一个重要契机！

神秘的财富大门因为这堂课向我敞开，我回来后马上开户开始了第一次的买基，慢慢地开始积累适合自己的养基方式。现在回头去看，当年一起上课的人有的现在一分被动收益都没有。

我想起听到过的一个故事，有一个和我们一样的工薪族，特别想中彩票，于是每晚回家都祈求上帝：让我中中彩票吧！上帝看他心诚，好吧，我就给你这样一个机会。一年后大家猜怎么了？年轻人还每晚求上帝：让我中中彩票吧！上帝在天上哭了：老兄，你好歹也要买一次彩票吧？我都准备了365天要给你中奖机会了。所以迈出理财的第一步是很重要的，许多人都希望自己成为有钱人，但是从来不迈出一步，于是结果也就只能是**想着想着就算了，走着走着就散了，说着说着就忘了，穷着穷着就习惯了！**

理财论坛达人指路

众所周知，基金投资最适合工作忙碌的打工族，但62个基金公司，700多只开放式基金，选择哪只基金可以让自己放心长期持有？啥时加仓可以将收益最大化？啥时赎回可以真正入袋为安，不让收益只是账面浮云？论坛里做足功课的基金达人分享了选基思路，课余时间上论坛的学习，通过参考他们的选择和操作经验，让我省去很多时间，也在基金投资上积累了适合自己把握的方法。

2008年10月，在我们确定2009年结婚后，作为婚姻新生活即将开始的纪念，我开始定投嘉实主题，金额不多，每个月设置300，在论坛达人（忘记叫什么了）的指导下，碰到大盘较低迷或者大跌2%的日子，我就根据卡里闲置的现金当天加仓300，500或者600。就这么不经意地积少成多，到2010年3月17日，我赎回这只定投的嘉实主题。累计本金7000元，收益2480元，收益率达35.4%。2010年5月，就用嘉实主题为我挣的2000多收益和熊先生去了西塘和上海世博会。

桌游和理财俱乐部遇贵人

我很喜欢玩一套叫做《现金流》的游戏，也叫"老鼠赛跑"，一般大城市的桌游店都有，这是认识理财达人拓展人脉的很好方法，也教会你什么是"资产"什么是"负债"。好多白领不知道怎么理财，就是因为不知道买什么能让"钱生钱"。强烈建议大家去玩玩这个游戏，一般这个游戏玩很好的人理财都很厉害。通过游戏训练了我的思维和判断能力，同时更结交了身边很多的理财达人。还有就是人才济济的理财俱乐部，能遇到很多"财富贵人"哦！我就在这里先后遇到了买卖黄金白银，炒股票，玩期货和玩房产的高手。与他们沟通之中，获得了之前所无法获取的资源和信息，跟风参与买卖，也有或多或少的收益。于是更加感慨"人脉=钱脉"！

其实这两三年来带我挣钱的"贵人"还有好多（各种薅羊毛活动，靠谱的民间借贷，担保公司短期拆借……），你的身边是否也有这样的贵人？这就是所谓的"人脉"，抓住了人脉就是抓住了财富哦。既然人脉那么重要，我们要怎么找到好人脉呢？分享几个我积累理财人脉的方法。

和有钱人交往：这并不是嫌贫爱富的意思。如果天天沟通的是WOW副本，那相信在魔兽的世界里一定能成为一个行家。**近朱者赤，多和身边注意打理自己资产或者有成功投资经验的人交流，是获取有价值的投资信息最快的途径。**熊太太性格开朗热心，乐于助人也好为人师，不管在哪儿都很容易交到真诚的朋友，平时交流一定会提些理财话题，也就很容易发掘到身边朋友成功理财的领域，比如白银，黄金，股票，期货等。再加上多参加基金公司或者证券公司组织的讲座和活动，慢慢身边就会聚集重视理财的圈子了。

欣赏他人，及时感恩：人无完人，一个人各方面都精通是不可能的。三人行，必有我师，与人相处时需要多留意别人的优点，而不是关注别人的不足。尤其投资方面，**很多成功人士都很低调，深藏不露，我们应保持谦虚，多向某投资领域精通的朋友虚心请教。**比如偶然交流时，我发现已经离职的某同事业余擅长白银T+D的投资，完全不懂白银走势的熊太太，在这位贵人的指导下玩了一小段Ag（t+d），创下过10天收益100%的纪录。成功的投资获得收益后记得要及时表示感激。我们的真诚请教与及时地感恩反馈一般都能换来更多对方的无私帮助。

别乱相信专家，要找靠谱伙伴：各个投资领域都会有人擅长和关注，开始新的投资产品前必须花时间对准备投资的工具做功课，寻找可以学习的相关"业内行家"。路遥知马力，一定要通过一段时间的跟踪和试水来判断"行家"的指导能力，不能盲目跟风。网上非常多教人家买卖股票的"专家"，熊太太曾经没跟紧"专家"步伐，经历被套和割肉。幸好投入较小的试水，损失控制在自己可以接受的范围内。

自己也要有"看家本领"：沟通和交流都是双向的，总是向人学习，也要有看家本领可以让别人学习。选择一个自己最有兴趣或者受益最大的投资工具，专门去学习和积累，让自己成为这一领域的"业余专家"。然后毫无保留地和朋友分享及交流心得，这是朋友们更愿意找你探讨理财心得的重要砝码之一哦！保险，股票，基金，期货，白银，我都有接触过。最后选择了基金作为自己最需要精益求精的方向。经过3年的积累，现在我已经是理财论坛里的基金达人了，可以有信心地指导新手基金入门。大家可以分享我总结的基金操作心得，请见MSN理财大学基金学院中的帖子：合理配置，择时养基——熊太太的养基心得分享。口碑理财网上也可以搜索到不少"熊熊家的太太"的养基心得。

By the way，分享几个财富打理常用名词解释：

❖ 主动收入：用时间来换取金钱，它最大的特点就是必须花费时间和精力去获得。主动收入无法让你同时拥有金钱和时间，往往是工资越高人越忙，并不能带给你真正的自由和保障，主动收入只能为你带来被动人生。

❖ 被动收入：不需要花费多少时间和精力，也不需要照看，就可以自动获得的收入。乍看上去有点像"不劳而获"，实际上，在获得"被动收入"之前，往往需要经过长时间的劳动和积累。被动收入是获得财务自由和提前退休的必要前提。

❖ 财务自由：就是当你不工作的时候，也不必为金钱发愁，因为你有其他投资。当工作不是你养家糊口的唯一手段时，你便自由了，因而你也获得了快

乐的基础，也达到了财务自由。

❖ 老鼠赛跑：这个词来自于罗伯特·清崎写的书《穷爸爸，富爸爸》系列，还有相应的一套《现金流》游戏。没钱的恐惧会刺激我们努力工作，当我们得到报酬时，贪婪或欲望又开始让我们去想有钱能买到的东西，于是就形成了一种"起床，上班，付账，再起床，再上班，再付账"的模式，这种循环模式就是"老鼠赛跑"。每天的循环赛跑也称为老鼠圈中无奈的跑步。

❖ 跳出老鼠圈：被动收入大于所有支出就叫跳出老鼠圈，也称为财富自由，是理财的重要目标。

专家点评：

"专业在一个人成功中的作用只占30%，而其余的70%则取决于人际关系。"美国石油大王约翰·D·洛克菲勒如是说，"我愿意付出比得到任何其他本领更大的代价来获取与人相处的本领。"

人际关系是一个人成长、成功不可或缺的要素。对于任何事物，只要有正确的投资、理性的规划、得当的措施，你的经营才能有所收获，经营人脉也是如此。如何投资人脉有回报？

1. 结交同业朋友

不管你从事什么行业，行业信息和动态是你最为关注也最需要咨询的，除了通过媒体、行业报表来获得这些咨询，同业人士是你获得广泛而有益的咨询的最有效的渠道。

2. 结交成功者

成功人士往往积累了很多奋斗的经验，如果能得到他们的指点，就能少走弯路，早日抵达成功的彼岸。成功人士有着强大的人际关系网，在他们的那张网上，可"利用"的关系较多，这些关系的能量或许可以轻松地帮我们解决事业发展中遇到的各种问题。想要成为什么样的人，就要和什么样的人在一起。有意识地去接触成功者，和成功人士在一起，你也会成为一个成功者。到那时，财富自然滚滚而来。

3. 切忌交友不慎

要结交那些待人真诚、积极向上、有正确人生观、品德高尚的人，而要对那些自私自利、玩世不恭的人避而远之，就算对方身价百万，你也一定要与之划清界限。

4. 主动寻求机遇

当人们在谈论被称为"股神"的巴菲特时，常常津津乐道于他独特的眼光、独到的价值理念和不败的投资经历。其实，除了投资天分外，巴菲特很早就知道去寻找能对自己有帮助的贵人，这也是他的过人之处。翻看每一个成功企业家的发家史，他的背后都有贵人相助，也都有一段寻求贵人相助的传奇故事。贵人可能是通向成功的捷径，也可能是困顿时的救命稻草。在某种程度上，能否得到贵人的青睐是成败的关键因素。

投资人脉和投资股票是一个道理，如果你不只是为了满足感情的需要，你在拓展人脉时，就要选择那些能够或有可能给你带来收益的潜力股。

点评专家：史慧 东方华尔国家理财规划师

27岁贫困县城女孩
北京买房买车记

昵称：听雨
年龄：27
职业：某报社驻京记者
薪水：月薪6000元

妈妈告诉我说：女人一定要有自己的一点小资产，你才能活得有底气，青春就那么几年，你要经历好多次恋爱，谁也不知道你真正的老公在哪里，所以在找到他们之前别乱给男人花钱，给自己留点小资本，才能优雅地邂逅他们，才能在遇到你的真命天子时不那么寒碜地出现在他面前。后来我发现，她说的都是真理。

上个月我刚满27岁，已经在北京有自己名下的一套房子和一部17万左右的车了，没有啃老（也没得啃）更没做有钱人家的不正当关系女友。接下来讲讲我的真实故事。我家在一个小县城，属于西部贫困县，父母都是小商人，很节约，教育我正餐要吃饱，从来不给我吃零食，所以我现在除了喝点蜂蜜从不买零食。我妈妈告诉我，只有给你花钱的男人才是好男人，给你的比例越多说明他越爱你，要你花钱的男人，迟早是要分手的。

再穷也要漂亮

上大学的时候是在西南一个省会城市的一所重点大学，当时我的生活费每月家里只给200元，好在我成绩不错，每年都能拿到奖学金。奖学金除了给家里邮点回去就拿去买衣服了。我很喜欢把自己打扮得让自己看着顺眼，哪怕20块的衣服也要好好地搭配一番才出门。后来一个偶然的机会参加一次比赛，成为了某个眼科医院的形象代言人，因为我眼睛挺好看，脸蛋也还行，于是我拿到了5万块钱的报酬，这对于一个大学二年级的学生来说真是太多了，我也不知道该拿去做什么，于是就给我妈妈存着了。

写到这里，我想告诉一些姐妹们，尽量花点心思打扮自己，这样会让幸运之神更容易眷顾你。没有谁就那么天生丽质的，我小时门牙凌乱，后来整整用了一年戴牙套校正，还有眼角有一颗很大的黑痣，高中毕业时在街头花了20块钱去掉了。进大学后又拉直了头发，整体看起来就不错了，不只一人说我眼睛很好看，有点周慧敏的神情。

每月存一千

后来因为做代言人拍的一些海报流传到学校,自然有不少小男孩来追我,交往过一个挺帅的学校篮球队员(其实仔细想来那个应该不叫交往,连手都没拉过),每次和他吃饭出去玩我从来不会掏钱,他可能觉得我太吝啬了,没有多久就分了,分就分呗,**帅又不能当饭吃。**

后来又有一个比我大三届的师兄来追我,他已经毕业参加工作了,父母是我们学校的老师,和他交往后他倒是挺懂事的,知道我家境很一般,每次都请我吃饭。他给我买衣服,我也不会像城里的女孩一样要名牌,每次都控制在单件100块钱以下,搭配好也很好看。他看我节约就定期给我一笔零花钱,他家住我们学校的教师公寓,下班就回来,父母也认识我,觉得我还不错,成绩一直在系里名列前茅,生活作风踏实,不会像有的女孩以为自己好看点就不思进取。所以我常常去他家里吃饭。这样我不仅不用自己买衣服了,还能每月存一千块钱。这个男孩是真挺喜欢我的,也觉得就该给我花钱,把我当未来老婆照顾的。

出国补贴都给了我

可惜和他交往的时间不长,他被调到国外去了,真郁闷。刚去那会儿,他每天打越洋电话回来,他们公司给他们办了一个中国银行的海外补贴卡和一个工资卡,工资卡他自己留着,补贴卡给了我,让我常常去看看他父母,帮他尽一下孝心。他当时的补贴是1000美元(当时美元还没这么贬值,能合到人民币7000~8000左右)。我很少花,除了给他父母买些东西以外都存着,一年下来存了不少钱,快有七八万了吧。我很少买很贵的护肤品,一直用超市里就能买到的丁家宜、相宜本草之类,便宜也很好用,到现在我都还用这些护肤品。我觉得皮肤还是要靠自己天生的,还有就是喝蜂蜜,再用蜂蜜和牛奶敷面膜,夏天洗脸用橄榄卸妆油就很好。

我的第一套房子

眼看大四了,要到找工作的日子了,男朋友让我留在那个城市,等他回

第2章 从白领到百万富翁

来。我也很听话,把存的钱拿了出来再加上自己以前的五六万,在市区买了个房子。那个时候房价才3000多,一套80多平的房子,按揭加上贷款下来全够了,每月还利息也很少,不到1000块钱。因为我们还没有结婚,加上我自己也出了钱,他在国外也不方便回家办手续,所以他就让我写自己一个人的名字。打算以后回来结婚用的,这也合情合理。

第一份工作

毕业后我的第一份工作是在一个传媒公司,工资2500元,是帮电视台拍专题栏目的。虽然我学的是媒体策划,但没有实际经验很难有机会让我上手,大部分时间就打杂,有时候会被广告部的同事带出去应酬。我前面说过了,我当过形象代言人,所以长得自然还对得起观众,进入社会以后就会偶尔遇到一些"咸猪手"。我当时就自己住在我们未来的婚房里,离他父母也远,我很郁闷孤单,常给男友说让他快回来,我一个人在这里觉得很害怕。但是他刚升项目副经理,正春风得意,哪里能听进去,说外面这好那好,等他做了经理,有带家属名额了就带我过去,然后又给我打了一笔钱回来,把房子的按揭给还了。

有一次,我去拍一个地产的片子,遇到一个超级色狼老板。非要送我回去,当时带我的"编导老师"也真是个唯利是图的家伙,就想着那几十万的宣传片快签单,也不管我,还制造机会自己先走了。那人送我到一半就想去××酒店,后来我假装答应,借机去厕所就打车跑了,我回到自己家里打开skyp给他打电话,对着电脑哭得稀里哗啦的,他听完不安慰我居然还很生气,说我不找个好工作,赶快辞职回学校考研去。我想那公司是回不去了。他叫我考研就考吧,只有考研才有可能留在学校,在他父母身边也比较安心。

第二份工作

其实,我不太想考,怕交不出学费,但是为了让他们安心,我还是回去复习了几个月。这期间他说为了不打扰我考试就少给我电话了,复习的压力也很大,他隔得太远就时常有摩擦,有一次我给他打电话是一个女的接的,她说他

77

在洗澡，分明是在挑衅。我们开始闹矛盾了，我很气愤，他居然这样对我。考研成绩出来了，还勉强，不过专业课很一般，估计也不能公费了，我想了想，算了吧，不读了。又开始去找工作。这次是一个有名的报社，不过是要驻京的记者，我问他要不要去，他说你自己选择吧，我去了。我把他卡里剩的5万多块钱取了出来，卡邮寄给了他父母，这是我该得的，谁叫你花心，我一气之下把我们的宝贝房子租给一对小夫妻了，2000元一个月。看着他们那么幸福地住在我本来打算结婚的房子里，我心里真不是滋味。

有50万了

到北京后我换了电话，再也没有主动和他联系，我想如果他还爱我的话会打电话问我妈妈要我的联系方式，可惜没有！他在那边真有相好的人了，不要我了，呵呵！不是因为我不年轻，不漂亮，不是因为我没学历、不上进，只是莫名其妙地不要我了。我告诉了妈妈，她说，男人们变心的理由千千万，没有谁能靠着男人过一辈子，还好你自己有个房子了，不是空赔了青春。我更加相信妈妈的话了，谁都可能变心，但是你自己的资产不会。随着房价的上涨，那个房子，已经有人出价48万了（比起买的时候涨了18万，也就是说我赚了18万），我没有卖，想等着急需的时候再说，毕竟谁都知道在中国近10年，有一个房子就可以抵抗通胀，还可以作为投资用。

刚到北京的日子真是不好过，工资加补贴才4000多点儿，和另外两个年轻记者挤在报社分的一个小宿舍里，好像又回到了大学时代。我们买了炊具自己做饭，白天有时候去采写就随便吃点东西对付一下。吃饭真贵，坐车倒是很便宜，公交才4毛钱。我的钱都花在衣服上了，买衣服好贵，同样牌子款式的衣服就比西南贵100多，一套下来就1000块钱没有了。做个记者总不能和学生时代一样穿50块的衣服吧，像我这么节约的人一个月都存不下几百块钱，宿舍的两姐妹也和我一样采访、写稿，我们三人每天都窝在家里，也不出去，也没男友，感觉北京好大又好乱，也没有个熟悉的人。

一个自我感觉良好的北京男人

有一天,一个姐妹拿回来一个参加派对的邀请函,说是一个杂志社朋友办的一个白领单身派对,我们三人一起去了。很奇怪的,每人发给号码牌贴衣服上,还要自我介绍,我也没怎么留意,就当一次娱乐,后来来了一个男的找我聊天,问了我的职业和情况,说对我很有好感,他是做理财的,北京人,有房有车有公司,希望可以和我做朋友。我觉得这人很唐突,哪里有第一次见面就这么直接的(后来知道单身派对就这样)?没有理他,晚上回到家里他居然给我电话,我这才想起报名时候都留了联系电话了。他约我第二天吃饭,我也挺无聊就说好吧,但是要带我的宿舍朋友们都去,他无奈只有答应了。去了以后带我们去吃什么"×亭日本料理",然后又带我们去看电影,三女人陪一男人,看完送我们回家,开着个帕萨特(其实是辉腾,那个时候我分不清楚这两个车的区别)。然后说让我周末去他公司看看,采访采访!呵呵,我心里想,你就想给我炫耀罢了,我采访你什么,你又没有什么新闻价值。

周末我去了,他公司在西直门,有半层吧,挺大,做理财资讯的。好像还挺不错的,他长得也还行,看着也不讨厌,就答应和他交往试试看。后来我才发现他比我还吝啬,和我一起去逛街买衣服的时候他就站在外面,根本不陪我进去。我打电话问我妈妈这男的怎么样,我妈说:不肯为你花钱的有钱男人一定不是好男人,赶快离他远点儿,千万别让他碰你。

过了几天他很殷勤地来找我,说你们常在外面跑不知道身体好不好,我带你去做个体检吧,有什么病也好早治疗。正巧我们单位刚帮我们体检完,我说我前些天刚去309医院拿了体检报告,他缠着要看,看完后挺高兴(我后来才知道他是想看有一栏"生育怀孕",我从来没有怀过孕,他觉得还挺好),就开始和我讨论说要带我见他父母。问我家庭,我说家里是县城的,父母做小生意,他就有点皱眉头了,说我看你的气质长相挺好的呀,我以为你至少是城里人嘛,不像是那种贫困小家庭出来的女孩,不过只要你家人不经常来北京串门儿我也是能接受你的。

我们分手了!我可不是菜市场里的萝卜让你挑肥拣瘦的!

呵呵，**够现实吧！**是的，有钱的男人们都不会那么把你当回事儿，我妈妈说得对，有钱的男人们挺势利眼的，不要以为他们找老婆就只看外貌，他们要看很多东西，好看的通常是他们的女朋友或者情人，不丑的又有家底的才能成为他们的老婆！姐妹们切记，一定要给自己留点资产。

宿舍姐妹的男朋友

前面我说了我是和宿舍的姐妹一起去参加的party，所以其中的一个也交往了一个男孩，做IT的，一个月大概6000多吧，自己租房子，房租都要1000多，算起来收入也就和我们差不多，那个男的常常过来我们这边吃饭（后来我姐妹叫他蹭饭），吃完也不洗碗，然后就带我朋友去看看电影什么的，姐妹说都是去soshow那样的小电影院，2008年的时候也就20块一场的电影吧，有时还假装说没有带钱包让我姐妹出钱。她这个男朋友交得可真窝囊，一个月工资不够花了问我们两个人借，还因为谈恋爱耽误了几次采访，被主编点名批评了两次。三个月后，他们分手了。

在北京买房

整个2007—2008年我就没有存到多少钱，大概就只有6万，其中我在西南那个房子的房租就有4万。在北京存钱太困难了，而且我当时也没有男朋友，什么都是自己买。2009年5月，北京的房价下跌了一些，我就打算把家那边的卖了在北京买一个，有了第一次买房赚钱的例子，我知道投资房子是对的，而且风险小，首付40万的话还能剩下10多万给自己买个车，每天跑来跑去真累死我了！于是我在北四环买了个60平的二手的小房子，首付了40万！这个房子是1999年的，环境比我家里那个小区差多了，还一万多一平，月供也有近2000，我单位给的住房公积金，我再加点供它也不成太大的问题。而且房主一直在国外，装修还很新，我住进去不用装了，省下来七八万的装修费用。**有了房子以后我有底气多了，也不怕再有人挑我这个那个，大不了不嫁给你，何况我还不老呢，谁稀罕你！**

婚姻更像是一场融资

　　后来由于工作关系认识了现在的未婚夫，一个垄断企业的总部员工，工资大概1万5左右，加上福利那些估计是我的3倍，他很大方，很少让我花钱，他们单位发电影卡，购物卡，每个月都能给我2000元左右的各种卡，我们交往了快一年的时候，看我常常穿着高跟鞋去挤地铁也挺心疼的，就对我说自己正打算买房子，征求我意见是再买一个房子还是以后住我的房子然后给我买个车子？我说买车吧，他也挺大方的，二话没说就带我去4S店，当天就给我买了一部15万的车，办下来手续和保险，还给我安了可视导航，一共花了17万多，车主写的我的名字！

　　我想，如果我没有房子，他肯定也不会这么大方吧？毕竟一套房子可不只值17万，所以也就当互惠互利了。插一个小故事，他刚和我认识的时候也就是我打算买房子的时候，他给父母说过想和我一起买，但他父母说算了，都不知道那个女的家里怎么样，如果有本事她自己买，回头我们给她装修给她买车不就行了么。所以啊，姐妹们，千万别以为王子们都没有脑袋，他们都精明着呢！我的房产证刚拿到手，他就说以前的装修风格他不喜欢，去找装修队去了，这就叫资源整合，让他装修去吧，反正结婚了也有他的一半！

　　by the way：以前在论坛发这个帖子的时候，点击率和回复都很高，骂的都是男生，赞的都是女生，有觉得我太现实，也有觉得我聪明，希望分享如何让男人为你花钱的妙招的！不管怎么样，社会就这样现实，我这样穷人家里出来混迹于大都市的白领女性，对生活充满希望、积极进取，在不损人害人的基础上让自己过得更好有什么错呢？我认为女人要有一定的经济基础才能心安！

　　Tips：如何让男人为你花钱？

　　第一，他不能太穷，给你的钱不能占他资金的很大一个比例才有可能，就像我们可以给一个需要帮助的人1000块钱，会有点心疼，但不会影响我们的生活，这样的比例比较好。

　　第二，你不能在他面前装富裕或浪费显摆，否则他会觉得你就是个无底洞，给你多少都填不满。

第三，在他面前尽量买他想让你买的东西，他会觉得给你钱很值得。

专家点评：

应该说听雨是幸运的，有着娇好的容貌。在获取金钱的过程中，有时候除了自身在工作中的投入及努力之外，打理自己的形象也变得不可或缺，良好的形象可能为自己争取到更多的机会，听雨就属于这一类，她在前期用努力得到了奖学金，之后利用部分奖学金为自己的形象投资，这样的投资很快得到回报，获得了第一桶金5万元，她没有乱花，而是选择了储蓄，在大学就能够懂得节流是很好的习惯。听雨的第一套房子大部分资金都来源于男朋友，买房动机也是为了未来的婚姻，但在与男朋友分开后，我们发现，听雨是有一些理财观念的，在房价上涨初期没有急于把房子卖掉，知道房子有抵御通胀的作用，所以当做投资把房子留了下来。后来第二次买房子也是在把这套房子卖掉了的基础上实现的。

但有一点值得提醒的是，听雨提到新买的二手房装修由未婚夫出资，说是反正婚后也有男方一半，这是不对的，新婚姻法里有明确的规定，夫妻双方婚前财产归各自所有，不列为夫妻共同财产，尤其是在婚前就把所有贷款还清的话，房产则完全没有公共部分可以分割。

听雨实际上在控制开销上比较得心应手，也就是比较懂得节流，但是开源能力显然不足，只有一种方式就是房地产投资，但起先想要投资的房产最终用于自己居住，显然投资的价值体现不出来了，而且我们不建议过多拥有不动产，因为不动产的流动性较差，变现慢，建议根据听雨的风险偏好，可以把部分储蓄做一些长线理财项目，如黄金、白银等，可以获取比传统储蓄高一些的收益。

点评专家：刘念 东方华尔学员 国家高级理财规划师
平安人寿保险股份有限公司北京分公司主任

第3章 下海创业,你准备好了么?

第3章

下海创业,你准备好了么?

有一天,我们为了自己和亲人更好地生活,不得已走上了创业的道路,于是日夜兼程。在创业的道路上不允许回头,正如马云说创业:"今天很残酷,明天更残酷,后天很美好,大部分人却都死在明天晚上看不到后天的太阳。"

我的广州创业之路1

昵称：Lolinda
年龄：30岁
职业：服装个体户
薪水：月薪从几万到几十万不等

第3章 下海创业，你准备好了么？

我的舞台自己主宰

那一年我放弃了学业。

那一年我拒绝了家里安排的婚姻。

那一年刚好流行"非典"。

那一年我刚过完22岁生日不久。

口袋里揣着从姐姐那里借来的4万块钱，带着心中的梦想跻身到了广州。

这是我第一次踏上广州这块土地，和想象中的一样，五彩缤纷的世界，大街小巷穿梭着时尚潮人。虽然人生地不熟，但这样的感觉真好，这就是我梦想要大展身手的舞台。

和许多同样怀着梦想，不愿意在别人屋檐下干活的人一样，我选择了自己创业，放弃了学业，抱着自负的心态来到了广州。

从小就希望能开一家服装店，自己就是店老板。七八年前的我不像现在的我做什么事情都要小心翼翼，思前顾后，七八年前的我野心很大，初生牛犊不怕虎，想着既然要做就干脆做大点，与其在小溪中游荡，倒不如到大海中遨游，在服装的零售与批发选择中，我毅然决定开起了流行女装批发。天真地想，批发可以大把大把地赚钱。

2003年的"非典"把人们搞得人心惶惶的，我丝毫不被"非典"所影响。在广州的市郊外我租了一间750元/月的一室一厅住了下来，就这样开始了我的创业生涯。

虽是南方，但二月的广州还是有着丝丝的寒意。受到"非典"的影响，满街的人都把自己包得紧紧的，只露出一双眼睛出来，生怕"非典"的侵略。在这样的环境下，我开始考察服装市场，至少也要知道市场目前的需求，虽然早在来之前就做了功课。

一个月后，在老乡的指引下租到了一间所谓的旺铺。空间小小的6平米，月租可是大大的1万，在我可怜兮兮的眼光中，店主又把本来要两个月的押金改成了一个月，自己心里暗暗高兴，生意还没做成，就打了第一场胜战。

为了方便到市场，从以前住的地方搬家了。一房一厅900元/月，为了让

店铺美观点，省钱，便买了墙纸自己装修了起来，买了些衣架，模特儿模型，钱只剩下15000了。

店已经租好了。但做批发肯定先要找可以随时供应的足够货源。服装批发的货源有很多渠道，比如名牌的代理和厂家的直销等，但价格、数量和销售方式这两个方案在某个程度上有很大的局限。可是在管理和生产方面却比较容易简单接手。名牌的代理往往需要一笔押金，而当时的我资金本身就不多，加上我的个性比较自由，不喜欢受制于他人，这个方案就被我直接淘汰掉了。

低利润走量是很危险的做法

租好店后，我又看了一个星期的服装市场，想到第一个方案，炒货。炒货在服装批发中是最常被人引用的，特别是新入这个行业的人，用我的话来说炒货就是中介行业——所谓的炒货就是从价位低的市场拿货再到自己卖的市场卖，从中牟取利润。

如果我来炒货的话有两种方法，一个直接在广州拿货，在广州卖；另一个是到东莞太平拿货回来广州卖。在广州那个时候80%的炒货的都是选择第一个，直接在广州拿货，广州的货源比太平的还要便宜，但这样的竞争最大，有时候一个款式今天卖了，明天就无人问津。我做了第二个方案去太平拿货回来广州卖。太平同样的货相对比广州的来得贵，一件衣服批发最少也贵10块以上，但质量更好款式更新，竞争反而没有那么大，唯一麻烦的是当时从广州到太平的车费是38元，来回就要76元了，流行批发又天天要换款，一个月的车费就要2280了。我是新手，为了拉客，手中只剩15000了，对我来说这战只许成功不许失败，一件衣服我只加了5元的利润，想利用薄利多销的方案做生意。我知道同样是炒货的衣服别人最低利润是10元。

因为没有资金雇人，所以老板伙计都是我一个人全包办了。每天都坐第一班6：30的早班车从广州到太平去补货，无论刮风下雨，春夏秋冬，9：00以前又赶着从太平回广州开店。后来我才发现利润低、拼价格战是很危险的做法，低利润就代表着你要付出别人几倍的努力来走量，但是能不能走量不是你说了算而是客户说了算，主动权不在你，但是如何定利润的主动权是在自己的，如果自己都没有守住你的阵地，就别把希望寄托在客户身上。

我把自己的利润牺牲以后客户没有明显的感恩，仍然不断砍价，于是每天我必须卖上120件以上衣服才够成本，如果我当时把利润控制在10块，其实只要60件就可以的。

虽然120件的量对在广州做流行批发不是件太难的事。生意好点时，有大客户的时候他们都会把价钱压得很低很低。而小客户一个人都不会超过十件的拿。而且越流行的东西新旧款更替就越快，经常出现囤积货，赚的钱全部在囤积货里。

囤货转手速度慢，货尾价钱也很低，很多都只能以进货价30%的价格清尾。在旺季还好，但遇到淡季，资金周转就自然而然成了个问题。做了一年的炒货，来回奔波在广州—太平两地，人累得像小狗，钱没赚到几个！每个月扣除店租、房租、管理费、生活费，赚的才一点点而已。这样下去，别说赚钱了，找姐姐借的四万块钱要还到猴年马月。一年后，我放弃炒货了。

失败后的一点经验

大部分刚刚踏入服装行业的人都会这样认为：只要以我的货好看，服务态度好，秉着顾客是上帝的道理，价钱低，不担心没生意，刚刚开店的时候我也这样认为过，但服装是一个服务销售行业，自己又是个体经营户，不像专业品牌那样，有固定的利润。个体经营相对竞争大，利润不高，招揽回头客多半看老板个人待人接物能力，这个行业做的好的老板大都像演员一样，应付不同的客户要用不同的角色。比如有时候太热情的服务态度往往会让消费者心里想，老板这么热情这件衣服肯定赚我很多。所以，遇到利润较高的时候，我总是采取爱理不理的态度，显得自己卖了就会亏本的态度，而客人一般非常喜欢这样的游戏。当然也不可以摆出一副好像别人欠你几百万的表情出来，那就太过了。

从中介到定做

做了一年炒货后,我选择了另一方案,找厂家加工。买一些流行的版式,把这些衣服的商标剪掉,换上自己请人设计的商标。现在中国的很多牌子都没有自己的设计师,如果有也是我这样做法的更高级别,我是在广州买衣服直接剪掉牌子,他们是去日本韩国买或者看巴黎时装秀的照片视频就开始复制。你现在大概知道商场里每年那么多牌子款式都大同小异的原因了吧。

剪掉牌子后的新颖的款式服装(打板衣服)挂在店里还真有用,我只接受客户订货不散卖,吸引了不少大客户。虽然我已经做了一年多的批发了,但做出来的货和样板有差别,订的数量相对偏少,麻烦事也跟着来了,原来厂家,嫌订做的数量太少,不肯做,就算肯做,加工费也比较高。当我把几个客户凑足够数量,却有些客户等不了出货,时间太慢。就这样流失了不少客户,为了能拉拢这些大点的客户,我想了另一个方法增加款式。客户虽然多了,订的数量也多了,表面看起来生意真的好了许多,但是因为我不计成本的做款式太多了,每个款开版,订模型都要不少的钱,利润又低,做了不到三个月,钱已经所剩无几了,因为没有足够的资金来补贴,店铺维持不下了,只有关门大吉了。

失败的经验

许多初入服装行业的人都有和我一样的想法:要多上品种,尽量满足每一个顾客的细微个性需求,尽量让每个产品都是限量版,但是这样的想法其实是不靠谱的。新入行的人最忌讳乱铺货,什么都想做,什么都不精。每增加一个品种所有的成本都是成倍增加的,所有的上游的原料、设计等等都要增加,并且没有固定的流程,质量不好监控有可能参差不齐。新手们往往以为品种不多就完全没法满足客户要求,其实不是的,在某个领域做的精只做自己拿手的也是赚钱的好方法。你看肯德基那么多年就只有几个品种他一样很成功。当然,如果你到了一定规模,有资金有人力物力了,想做多点款式吸引顾客是可以的,怎么掌握好这个平衡是很关键的。

专家点评：

主人公能够怀揣梦想，独闯广州，经营自己的服装店，这样的创业精神令人钦佩，不过她如果能在一些细节上进行一些调整，会帮助她的事业之路走得更好：

1. 刚到广州时，正值03年"非典"时期，每个人都在减少外出购物机会，从事服装经营势必会受到这样的大环境影响，导致服装店客流量减少，并使营业额下降，因此应考虑"非典"过后再进行服装经营的创业；或者，考虑到更多的客户会增加在家的时间，可以从网络服装店开始做起，这样可以吸引更多在家的客户，也可以降低经营成本，并可将服装的销售区域拓展至全国，同时也为主人公经营服装实体店积累品牌与经验。

2. 刚来广州时仅有4万元的创业基金，按照流动性比率测算（流动性资产/每月支出=3至6之间），则每月支出应不超过6000元，故其租房与租赁店铺的合计租金应减少至6000元，这样既可保证适当的流动资金，又可为其服装经营提供较为充足的营运资金。

3. 在最初从太平拿货到广州销售过程中，可以考虑寻找一些合作伙伴共同经营，可以起到分摊交通、店铺、管理费等经营成本，也可以加强自己的进货议价能力。

4. 在找厂家定做加工服装阶段，也可以考虑需找志同道合的合作伙伴，共同集资、形成规模经营，提高与服装厂的谈判能力，降低开版、订模型的费用，这样可以丰富服装品种、招揽更多客户。

另外，考虑到她在最初创业的资金有限，建议其采用以下方法融资：

找寻一些提供"小额企业贷款"服务的银行或金融服务公司，找到经营发展的资金；或者找寻风险投资基金公司（VC），通过创新经营思路、新颖的发展规划等沟通，获得VC的投资资金，以获得创业的第一桶金。

点评专家：陈建春 东方华尔学员 国家高级理财规划师
康宏财富投资管理（北京）有限公司董事长兼总经理

我的广州创业之路2

昵称：Lolinda
年龄：30岁
职业：服装个体户
薪水：月薪从几万到几十万不等

第3章 下海创业,你准备好了么?

接着上一篇开始,之前写到我两次在服装生意上失败了,我有点迷惘了:该继续在这个坑里深挖呢?还是跳出来重新挖一个坑呢?

穷人没有尊严

当初自己出来就没有得到家里的支持了,碍着自己心里的那点傲气,心里想着总有一天我一定还会东山再起,但人总要吃饭的,为了让自己更清楚地了解市场的需求,我决定在服装市场里找一份工作,这样既可以养活自己,又可以做市场调查。

本来以为开过店,至少有点基础,这样找工作一定比较好找。但是这其实是一把双刃剑,俗话说当习惯了野猪再想被圈养就不一定能找到好主人了。有些老板知道我的"前科"都挺客气地拒绝了我,说担心我吃不了苦,后来我才明白别人是怕我要做"间谍"拉他们的客人,所以奉劝曾经创业失败后想回去找工作的你,最好别告诉招聘方自己这段经历,如果实在隐瞒不了,你可以告诉他是你亲戚朋友创业你在帮他打理。

四处碰壁没有人愿意要我,又过了两三个星期还是没有找到工作,有天在市场瞎逛时,遇到一个以前在我隔壁卖衣服的工人,以前她在隔壁店的时候,我对她很好,她空闲的时候也会偷偷帮我。在她的牵引下,我和她成了一起卖鞋的同事,工资1300老板包吃午餐。就这样从2004年底做到2005年底,每天从早上8点上班,下午6点下班,当时为了争一口气,不敢告诉家里在外面卖鞋,瞒着他们所以就没有再换间租金较便宜的房间了,要知道当时我一个月租金就800元了(和房东讨价还价后减了我100元),每个月扣除生活费,基本上是没有剩钱了,记得那段时间过得真的很苦。2005年底,老板的妹夫从老家过来要帮老板的忙,一个老套的故事情节在我身上发生了,有一天中午老板的妹夫喝了点酒,对我毛手毛脚,我当众给了他一巴掌……当天下午我就失业了。

东山再起

失业后,又逢爸爸病了,回老家探病。一次偶然机会,我遇到了一个东南

亚的朋友来中国采购，闲聊中他向我抱怨说每次来采购总是东一家西一家，一样买一点点，很浪费时间。而且一到冬天就没有办法拿到春装。他的一席话给了我灵感，对，为什么不专门做出口批发呢？当时东南亚特别是印尼正逢经济复苏，好比当年我国的改革开放初期，印尼客户到广州采购的人特别多，只要能跟着这批人那我就有肉吃了。

我英语不好，于是画画、比手势、用道具的所有方法都用来交流，谁说一定要准备好了才能开始呢？很多时候其实生活没有给我们那么多时间准备，不要退缩，你只要霸王硬上弓就行了，出糗多了就会变得淡定自如。我就这样操着比印度人都差的英语做起了出口批发。专门做东南亚的，一年四季全做春装。

因为前面两次是做女装都失败，就想彻底地改变下，做男装批发。做出口和做流行不一样，流行服装批发几乎天天要换新款，而出口服装，虽然也是批发，但以外国客人为主，一般一个星期换一次款即可，对我来说这样做比较方便，脑袋也比较轻松，但出口的数量相对比较大，一定要有厂家合作才可以生存下去。于是我专门找做东南亚的厂家，以前加工失败的经验告诉我，这次找到的厂家，要他们提供款式给我，我只管挑选。这样既能避免客户订货时没有库存，也不用天天去找款式。于是我接下来专门找做东南亚服装的厂家合作，一家家下去。终于找到一家愿意和我配合的厂家。

钱已所剩无几了，为了东山再起，我又厚着脸皮找姐姐借了3万。

I don't know

我又租了一个档口，在广州某个主要以外商为主的批发市场，和以前一样自己既当老板又当杂工。在之前的两次不成功的案例中，我也开始有了点头绪。

主要问题也来了，我不会说英语，读书的时候，我的英语最差，26个字母分开我全认识，但是如果要组合起来就是它们认识我，我只认识它们中的一小小小部分"成员"了，更别提对话英语了。

厂家提供的款式很适合东南亚为主的客户群，每天咨询的人也很多，但这之前，除了在学校课堂，我可从来没讲过英语，以前卖女装款式根本不适应老

第3章 下海创业，你准备好了么？

外，自然也从没接触过英语。只有听到how much的时候才会拿着本子写阿拉伯数字。而他们通常还会问一些其他的，颜色款式特别布料工艺这一系列的东西都很专业。当场就可以毒哑我了，就像遇到外星人一样，不知道要如何接下去。偶尔遇到一两个会讲中文的老外，但他们却只有问的心，没有买的意。少许带着翻译的老外，却不知道是翻译的翻译错误，还是我表达错误，就这样没有下文了。

就这样一个月过去了，我一张单也没有接到，把我急死了。

终于等来了一个金主了，一天，店里来了一个华裔印尼客人。操着一口非常烂的中文，与其说非常烂，倒不如说，我只听懂他说的腻号（你好）两个字，听他讲中文的时候，我肚子里的肠子全纠结在一起了，非常痛苦，也许他看到我的搞笑表情，突然来了一句"Can you speak any English?"当时我一听他突然来的英语，又傻住了，但他讲的英语比中文显然能我耳朵舒服多了，我也不知道要如何回答，就给了他一个微笑，就这个微笑让他误以为我听懂英语，他接着问"OK？"当时我傻傻地跟着他说OK。真是够丢脸的了，但怨不了我啊，当时的我英语水平真的非常烂，他误以为我听懂英语，于是稀里哗啦地讲了一大串顺耳又听不懂的英语，讲完后，我冲着他甜甜地一笑，然后又正经地说了句很中国腔式的英语"I don't know."这是这半个月来我说的第一句英语，算是成功踏出的一步。事后也让我懂得说英语不是件难事，只要你敢说出来，不要老担心说出来会闹笑话，出现错误的语法，敢说出来就是对了。英语就怕你不敢说出口。

因为我的回答让这个客人一下子和我一样傻了，等反应过来就哈哈大笑了，也许他觉得我太好玩了。就这样，我和他鸡同鸭讲，靠着比手画脚和计算器，竟然让我瞎猫碰到死耗子，成功地接了第一笔外单。第一笔外单就让我赚了近一万了。初尝到了甜头，也知道无论如何英语一定要补上去，于是我买了些英语书自学了起来，当然为了应急，我还买了本注中文的英语过来，以防万一。

但是做出口也有比较麻烦的，有些订单要等送完货，过几天才有钱拿，有的甚至三个月之久。那个时候的我已经没有初期踏入时的野心了，心里总想尽

快把姐的钱还了，怕这样的单到最后没有钱收，每次客户下单，总要先问问如何收款，如果货到没有钱，一律不接，当然这样流失了不少客户。

生意慢慢地走入正轨，靠着自己那口中国式的英语和厂家的配合，直到2007年我才把钱还完，那年我26岁。

现在我还是在做这行，不过已经做到每月能有当时一年的赢利这样的水平，上游的商家都有稳定的合作，也有抢着给我送样板让我比较或者试买的（就是先不给钱，卖好了再结账）。下游的进货商也形成了气候，每个月都会有固定的客户会来拿货。非常感谢这次的活动，我其实小时候语文很不好的。当Cindy告诉我已经被选中时我都激动得不会走路了，所有故事都是真实的，如果有谁要问我，可以通过白领理财日记编辑部的编辑们联系到我哦！

专家点评：

主人公通过自己的勤奋与努力，从打工又回到创业之路，终于有了稳固的服装生意，也有了稳定的收入。就主人公提供的情况，有以下建议与其分享：

1. 创业与打工

在人生职涯规划中，创业与打工是两条平行线，一般很难交叉，创业者与打工者有着不同的思维方式、工作方法。

打工是在一个或多个职业平台上，用智慧、能力赢得尊重与认可并实现自我价值；而创业是倾心打造一个或多个职业平台，用思维、能力、魄力、坚韧，得到员工、客户、市场、社会的认可、接纳、尊重，并实现自我价值。

2. 专业化分工

经济大发展必然导致社会化分工的专业化，主人公就受益于细分出来的东南亚服装市场，不过主人公经营的东南亚服装市场准入门槛较低，要考虑构筑相应的商业壁垒，以便最大化自己的收益。具体来说可以通过以下方式进行壁垒构筑：

（1）梳理下游客户，分析需求，快速依需求作出反应。

第3章 下海创业，你准备好了么？

（2）与上游供货商洽谈，用稳定的服装采购量作为商议筹码，压低价格、提高供货质量，并适时签订排他性供货协议。

（3）适时实施品牌战略，在客户市场上建立自己的品牌，用品牌构筑商业壁垒是一种非常重要的方法。

（4）联合"志同道合"的服装商集合采购与销售，增强上、下游的话语权。

（5）整合以终端消费客户为中心的渠道，实现从原料加工到成品制造，再到市场营销的大整合。

3. 专业化分工需要专业化的人

主人公在与东南亚采购商洽谈时遇到了语言障碍，可临时聘请一些在校的英语专业大学生解决语言障碍，还能帮助大学生有工作实践机会，一举两得。

4. 构建个人与企业之间的防火墙

主人公应从现在开始筹划个人与企业的防火墙。包括资产防火墙，风险防火墙，品牌防火墙等。其中资产防火墙是需要特别关注的，即在企业营运中遭受重大打击或发生巨大债务风险时，个人资产不受影响，同时有一笔"东山再起"的资金。可以考虑使用信托方式。在法律上，信托财产是一个被特别保护的财产，简单地说就是信托财产是一种司法机关都不能动的财产，即便你的企业破产或者家庭有巨额债务，信托财产也不能被法院强行执行，同时也不能作为破产财产清算。

5. 现金规划

服装生意对现金需求量非常大，建议主人公关注自己的现金流规划，合理使用现金规划工具，在保证生意需求的同时，让自己的现金获得最大化收益。

点评专家：陈建春 东方华尔学员 国家高级理财规划师
康宏财富投资管理（北京）有限公司董事长兼总经理

白领理财日记 2

下海投资，一定要去自己熟悉的海域

昵称：Angela
年龄：32岁
职业：曾经某500强IT的销售，现在某酒吧的老板
薪水：年薪50万

第3章 下海创业，你准备好了么？

在北京漂了7年，正职工资从最初的月薪3000到年薪30万。29岁，我还单着身，在外企的女销售很难嫁人。那年看着自己一天天变得蜡黄的脸色，我告诉自己：你该下海了，否则再有10年你就完蛋了，选个好赚钱的项目创业去。凭借咱这120多的智商和这些年在外企锻炼的能力，我认为自己一定是所向披靡的。

其实，我从大学起就一直有创业的经历，这些年在外企经历的风雨也告诉我这里不是一个养老的地方，年龄越大越危险。得为自己找一条出路，大城市其实遍地是黄金，人多，干什么都赚钱，就是卖个早餐，一月还两三万呢。我的黄金在哪里呢？

下海下到了不熟悉的海域

我得先给自己找一个项目，做什么是关键！其实女人们如果创业80%首先想到的一定是和美有关的行业：服装店、美容店、饰品店、美甲店、减肥机构、SPA等，想当老板的同时更能惠泽自己。我也不例外，我想开个饰品店。

原因很简单，第一，我没有那么多时间去进货，如果卖衣服的话就需要经常进货。其次，衣服要分尺寸，每个人的型号都不同，同一款要进很多，但是并不能保证是否畅销，尾货的风险很大。而饰品就不一样了，没有型号只有款式，并且进货价都不贵哦！

我为自己的聪明暗自叫好，确定下来以后就开始找店面，为了方便下班后还能回店里打理，所以找了一个离家比较近的菜市场附近的小门面。原来的摊主说自己因为怀孕了要休息，急着转让，只要3000一月，在这个地段，10平米店铺这个价算是比较便宜的了。我想着每天买菜的人很多，每天必须经过我的商店，一定是旺铺；而且我考察了周围方圆一公里好像都没有卖饰品的，竞争少。我得意地笑！

周末就去上货了。在北京，最大的批发市场都集中在动物园和大红门附近，动物园那边还挨着天意。

我首先去的是天意小商品批发市场，在地铁阜成门出口就是，挺方便进货。

去逛了一圈发现里面的品种很多，质量属于中档，相对于别的小商品批发市场要贵一些。量大价格会便宜，要是单买比外面还贵，主要也分人，看店家了。

后来打了个车去动物园（那个时候地铁4号线还没通，从天意到动物园打车也就十几块），这里有很多栋楼如世纪天乐、东鼎、金开利等都有很多日韩系列的服装和小饰品，不过总体以年轻女孩的服装偏多。到这里进货的人都是带着黑色的袋子，批发的时候要问"你这个怎么拿货"，千万别说"你这个怎么批发，怎么卖"，一看就是生手。

后来发掘的世纪丹陛华小商品批发市场在大红门那里，没有地铁去，位置比较隐蔽，不是很好找。要是做饰品，这里不错，种类多，而且也很便宜，但是质量跟天意比起来要差点。

批发进货最好是早上9点前去，价钱比价低，给出的就是批发价，因为在这个点零售的人不会这么早起床的。他们很欺生，看我是新面孔，给的价格就比较高。5块钱的东西就能差2块。我只能是多转几家，多比较比较，后来我发现跟在大的批发商后面（看他们拿着很多货的，或者几个人一起的）是比较靠谱的办法，一来店家一般给他们的价格都比较低，二来他们的选货能力是很强的，能知道哪些有可能是"爆版"，三来你看到他们在批货然后跟进店后说我也补点货，和他一样的款，老板也不会太为难你，一般就直接给拿货了，这样就便宜很多。

开店的地理位置决定了成败

店面的装修我没有花太多心思，因为还要工作，没有人帮忙，请了一个小女孩帮我打理店铺。正式开业后，我发现门口虽然人来人往川流不息，但是他们就是不进店里，附近的居民楼都是单位公房，能分到这样房子的人一般都是年龄在40以上的人了，年轻时尚的白领很少。这群人一般都是老机关，要买东西都会去正规的商场，即使是同样的东西在我这里比商场便宜50块钱他们也不进来买，因为觉得没有范儿。再有的人流就是白天来菜市场买菜要经过商店门口的老头老太太，外加全职带孩子的中年妇女和保姆，他们都是出来买菜没事进来瞎溜达的，根本不是消费群体。

于是店里每天平均销量都不超过200，而我的房租就3000块，帮我看店的小女孩每月工资1500。加上水电交税，每天的硬成本就要180块钱。着急上火也不管用，还有不开张的时候，生意越是不好，就越是懒得打理。有时候好几天也不去一次，周末也是下午才去。这样租了3个月，我就没有续租了，因为不舍得赔钱卖，就将这些东西都打包收了起来。算算除了剩下这些东西，还赔了好多钱。

不过通过这次开店，总结了教训，还跟附近的老生意经学习了不少经验：

1. 选店的时候呢，如果发现周围都没有同类的店不一定是代表竞争少，有可能是别人觉得这里根本就不适合做这个生意。

2. 开店不适合兼职做，你投入多少精力就回报给你多少，真是这样的。

3. 急着转让的便宜店铺很少有旺铺，地段好的都贵，贵有贵的道理，正所谓高产高出。但也要量力而行，想开店的朋友还是要多准备充足的资金，而且短期很难回本，基本都压货上了。

4. 客户群精准定位很重要，不要被假象给蒙蔽了。后来也有女性朋友要开服装店的我问她想卖给谁，她回答20到50岁的女人，看起来好像是很多人，其实这样做的结果是谁都没有人买。

寻找自己熟悉的海域

兼职做不好事情，不熟悉的领域很难赚钱，所以我决定重新找自己熟悉的海域，重新扬帆起航！

我在电视上看王刚做的广告，投资加盟好项目上you88，you发发，你发发。认真研究之后，发现这些项目都不可行，资金大，而且好多都不正规。

之前我有朋友加盟了土掉渣，刚开始三天人们都排长队地买，后来就不行了，天天用喇叭广播也没人买，我吃过一回就再也不想吃第二回了，听到旁边人说千万别买他家的，难吃死了，这就是传说中的口碑效应吧。

我也想过做餐饮，在北京就是卖吃的赚钱，大人小孩都爱吃，簋街什么的地方都是排长队，要说口味有多好也不一定，吃的就是氛围。开饭店确实不错，但

对于这个我太外行,有了上次的经验我知道很多东西看起来容易,其实很难,特别是传统行业,我们这些在写字楼待惯的白领是做不来的,所以被我否定了。

后来我又想到咖啡馆,这个不像饭店那么复杂,品种又少,成本又低,里面一杯咖啡最少都卖30块,里面提供的午餐一个盖饭也要30块,利润空间大。可开这种店要加盟品牌店,像星巴克、上岛,加盟费太高了。我也想自己从国外进口咖啡豆,做别的品牌,可这种店装修就要好多钱,几十万都下不来,装修得没档次就没人来,来这种地方消费的都对环境很挑的。经过权衡,也放弃了。

二度下海,下到了后海

前年有个机会来了,后海那有个门面要转让,那个位置挺不错。我们这帮销售每个月都会到这里玩。我的多数朋友和客户也都喜欢这里,基于上次的经验,我觉得不能再当甩手掌柜了,兼职很难当好老板的,所以打算找个朋友做合伙人。想来想去周围的朋友就Linda最合适了,她刚辞职不想继续找工作,而且之前也有过投资快餐店的经验,我给她说起这个事情,居然一拍即合,我们一人出资一部分,由她全职负责经营,我周六周末去替换她。

进行简单的装修之后,我们就开始营业了。

我们的定位是静吧,这一带的静吧不多,环绕于慢摇吧之外,也算是闹中取静。另一个原因是可以不受时间限制。大家都知道,酒吧一般都是晚上6点以后才开门,10点开场,晚上12点才是最高潮的时候,闭店是在早晨6点。白天的时间都白白浪费了,场地费那么贵,不划算的。我的这个静吧装修得很雅致,早晨10点半就开门了,到凌晨3点结束。白天就当咖啡厅,也卖商务套餐;晚上就做聊天吧,可以吃饭听歌玩桌游。这样一来营业时间长了,营业额也就提高了。

投资开店其实并不比正职工作简单,打工的时候总是想自己创业,以为一创业就自己做老板了,可以指挥手下按照自己意思做事,什么都不用管。而现实的情况却是我们两个女人不但要自己管店经营还要管伙计,更要每晚碰头算账想各种花招招揽客人。

一开始的时候生意并不好,白天整个后海都没什么人,自然我们店里进来的客人也很少了。到了晚上整个后海都热闹起来了,但是人流又喜欢去热闹的酒吧。偶尔有几个文艺女青年带着个苹果电脑进来的就更让人生气,点个20块钱的柚子茶就能在这里上网5个小时,霸占一张桌子,电费都不够。

任何行业都需要销售

我们两个人着急得都睡不好觉。于是商量着是不是项目太少,或者两个女老板阴气太重,客人进来没有玩的就只能自己上网。销售可是我的老本行,多年的销售经验告诉我酒吧需要好好调整方向,要不断刺激客户的兴奋点,让客户high起来才有签约的可能。

于是我们引入了桌面游戏,什么三国杀、老鼠赛跑等,还专门请了个阳光帅气的游戏教练兼做大堂经理。他是一个北漂的小伙子,学历不高但是很会做人,不卑不亢让别人很舒服。有这位"师奶杀手"坐阵吸引了不少女性过来玩桌游。我们感觉他很不错,试用了10天以后就给他加工资,从4.5K加到6K,吃喝全免费!他非常感激,说自己没有上过大学,难得我们这样器重他,工作更加卖力了。在外企这些年的经历告诉我:什么都能打折,人才是不可以打折的,该值6K的就不要给别人5K,虽然你省了1K,但是失去的可能是100K的人心。

除了请帅哥助阵外,我俩也主动出击,定制了很多代金卡,这样的卡既可以用作上班时间中午点餐(附近的我们外送),也可以周末带朋友过来喝茶玩桌面游戏。我在公司里面把店里的名片发了一遍,承诺他们去都打8折,Linda就去后海附近的许多机关单位发卡,这样营销几个月后,就积累了许多熟客过来。

看到这招挺管用,我们继续把发名片的范围扩展到了我写字楼的整栋楼,甚至旁边的写字楼。我告诉他们周五下班如果去我那里还可以派车接他们(其实就是我顺便带他们过去),每次只要我附近写字楼的人过去,我都会单独送他们一个价值99元的大果盘,如果有人过生日我们就送他蛋糕,点蜡烛时利进行还会熄灯一分钟,让店里所有员工客人一起唱生日歌送祝福。每次我们都会点名是因为谁谁是我们店里的好朋友,所以她带来的朋友过生日我们才送东

西，这样让带客来的人很有面子，过生日的人也很感动。后来大家都喜欢带朋友到这里过生日，蛋糕省了面子也赚了。

为了让酒吧生意更上一层楼，我们又请了一位嗓音很清脆的女歌手到这里唱歌，都是些抒情歌曲，曲调很轻柔的，很符合小资白领们的胃口。生意越来越好，花样不断，每次顾客来都有新东西玩。现在我们还自己策划组织一些白领单身派对。口口相传，我们成了白领圈中很有影响的静吧，一直到现在，生意都很好。

我们那里的人员变化也很小，那个帅哥教练现在已经升副总了，已经成了我的老公；我已经辞职了，现在全职经营酒吧；Linda也做得很开心，正打算再复制一家，还在找地点，依然是我们一起投资，她做大股东去管理，这个店就移交我来管理，但是她的股份不减。

经过这几次投资，我总结出一条经验：下海一定要去自己熟悉的海域，否则很容易触礁。

专家点评：

本文中的女白领通过讲述下海创业投资的两次经历，阐述了她"下海投资，请去自己熟悉的海域"的观点。选择自己熟悉的领域容易获得成功，因为对领域的认识和经验，就可以避免"交学费"的过程。这会节省大量投资成本。但要获得下海投资的成功，需要考虑的因素还远不仅此。

选择实体投资的风险是非常大的，其中最大的风险来自人的问题，比如：下属是否得力，是否忠诚，是否团结，合作伙伴是否配合，是否讲信用等。其次是资金周转、市场环境、政策环境、经营策略等问题，这些因素均有可能造成投资失败。实体投资的风险还在于变现能力差，一旦经营不善，颗粒无收也是常事。所以，选择实体投资要谨慎，不宜盲目。

本文中的女白领，经过一段时间的打拼，有了一定积蓄，如果考虑养老的问题，一般不宜选择实体投资，因为实体投资风险过大，一旦失败，打击是巨

第3章 下海创业,你准备好了么?

大的。可适当选择证券投资,将投资分散到不同行业或项目上,可选择行业内最优秀的龙头企业进行投资,投资结构更容易趋于合理,也有较好的风险控制能力和变现能力。如果实力雄厚了、风险措施也完善了,再选择实体投资,追求更高回报,才更为合理。

    点评专家:周丽 东方华尔学员、国家高级理财规划师
       中国建设银行北京呼家楼支行 理财经理

绣出一片财富天空

昵称：木石子
年龄：热爱文字、为人妻为人母的小女人
职业：木石绣坊十字绣店店主
薪水：根据销售情况浮动，年薪在10万左右

第3章 下海创业，你准备好了么？

2000年，我大学毕业，进了一家专业对口的外贸公司，如果不是因为父亲病重，我可能会一直安安稳稳地上班，挣一月几千块的工资，可能会跟大多数打工族一样自我感觉良好，在这个省会四平八稳地生活下去，过着一眼就能看到生命终点的生活。但是因为父亲住院期间花了不少钱，我那点工资根本是不够用的，心里便萌生了要自己创业赚钱的念头。

就这样下海了

就在一个偶然的机会，我接触到了十字绣，非常着迷，天天上网看十字绣绣制技巧、品牌等相关资料。无意中看到一个名牌叫"QS十字绣"的在招加盟和代理。他们总厂在浙江省东阳市，在我们这里还没有代理商，也缺少加盟店。我动心了，仔细看了下加盟和代理的要求：第一次铺货5万元，就可以取得代理资格；而想要加盟的话只需要第一次铺货5000元就可以了。但我觉得做区域的总代理比加盟要好得多，既可以垄断区域的市场，又可以进一步发展加盟商。况且，总代理拿货是代理价格，代理价和加盟价中间还有一个小差价，也就相当于所谓的批发，薄利多销。我的加盟店发展得越多，盈利就会越好。

想清楚以后，我就按网址上面的电话打过去，接电话的是总厂那边的陈总，我跟他讲了下我的经营思路：十字绣现在正在流行，属于一种时尚，白领们绣的不是十字，而是优雅。我们这个十字绣是新品牌，纯棉线，品质好，有市场潜力；再加上我本来就有外贸经验，成品出口也会是一部分盈利来源，通过我的市场调研，不管是在哪个行业，如果只是千篇一律的商品，就不能满足人们的要求。个性化的设计会更容易让顾客买单。比如别人绣花，我们可以设计让顾客自己绣老公孩子的照片。有个性就能在定价上加上设计费用了，这也是一部分盈利来源。

对方很高兴："我感觉你是个很有思想的人。"

开店进行时

我辞去干了8年的外贸工作，开店的事情就这么被提上了日程。

接下来就是找店面。选址的话，本来是想去南三条批发的地儿，那里人流客流很旺，租金虽然很贵，可谓是寸土寸金，但那里确实有市场，这正是我想要的。

但真正找店铺的时候，才发现那里，所有在那边做的店铺都做得很好，根本就没人转让店铺。后来我想：我干嘛非要找那里啊？反正我做的是总代理，如果想把市场扩大到市区繁华的地方，就把加盟店发展到那里就行了。让加盟帮我来延展我的销售范围，可能效果会更好。

我开始计算着，要不把小店开在离家不远的商业街上吧。这条街是省会23条夜经济街之一，虽然当时店铺稀疏，没有形成规模，但最初的时候，房租比一般的商铺都要低一些，比较符合我们的要求。我想，既然是市政规划，那么，等这条街发展成熟了，房租肯定也会相应增加，所以越早租下来越好。再有，这条街往西直通向一个大型公园，是一条步行街性质的商业街道，人流量肯定是会有的，只不过是个时间的问题。做什么也有发展过程，开店肯定要从养店开始。我的小店可以跟这条街道一起发展。

下定决心后，我很快定下了一家铺面，忙里忙外，装修用了不到一个月的时间，我的小事业"木石绣坊"开张了。装修完成后，我把自己设计的小店拍成照片，传到了浙江东阳市的总厂陈总那里，他很爽快地跟我签了代理协议，把代理证书和牌子发给了我。

这次的开店计划，让我开始体验到了创业的不易。由于我和爱人都是大学毕业才定居在省会的外地人，启动资金很有限，再加上租金和装修，几乎花光了我们所有的积蓄。好在我平时的人缘不错，于是就找朋友同学拉"赞助"，终于把小店开了起来。所以有句话说得好，人脉就是财脉，你现在身边所有朋友的财富加起来的平均数就是你未来5年后能达到的财富数，想想也很有道理！

从2009年9月开业，到现在的初具规模，我的木石绣坊已经运营了近两年的时间。由于这边是新开的商业街，地理位置稍微偏点儿，临街商铺房租又高，所以盈利也不是很多，但亏本是肯定没有的，这说明我的眼光和经营手段还是不错的。

进军淘宝

小店经营到2010年，网购已经成为一种时尚，尤其是对于年轻消费者。这时总厂允许各经销商开立网店，于是我的淘宝小窝在2010年8月1日正式成立。我一直讲究诚信，父亲去世后，我开始研究佛学，所以我淘宝的信用都是100%真实的，从不刷信用。我网店的顾客中回头客占了绝大部分，因为我是有实体店的，客人很多都比较相信有实体店的网店，至少质量不会差到离谱，不会和照片相差太远。

开淘宝店是有很多学问的，据说现在已经进入全民开淘宝店的状态，沿海的许多大学生天天不上课，就在宿舍开店，每人一个店。我认识的女性朋友30个里头可能有10个都有自己的淘宝店，但是有9个都在赔钱，为什么呢？

首先**网店独一无二的货源是关键**。我好多朋友都没有像我这样的实体店和自己的货源渠道，他们能进货的地方别人也都能进货，从源头就没有核心竞争力。

其次，淘宝店的宣传很重要。别以为你开完了就自然有人来光顾。网店和实体店不一样，实体店放在那里，附近路过的人总会看到，它对应的只是某个片区辐射范围的顾客，如果在附近2公里都没有饭馆，有一个饭馆稍微次点我估计你也会去吃。**网店就不一样了，对应的是全国的消费者，同时也是全国的竞争者，酒好也怕巷子深**，所以找个靠谱的网站或者人气微博做带链接的广告是非常有用的。

再次，**顾客再烦也要笑脸相对，一个差评抵50个好评**。我时常在淘宝看到同一件衣服同一个模特的图片一搜好几页都是，那购买的人就只能凭借价格和信用购买评价来挑选了。所以千万别因为一些小事得罪顾客，回头给你一差评，你就哭去吧！

衍生出一个装裱店

其实我早就有开装裱店的计划，因为开店之初，顾客绣好的作品拿过来我们做不了装裱，只能将顾客的绣品送到其他装裱店。但这样做的弊端很明显：

首先我们自己不能控制对方装裱的进度，更重要的是，我们没办法要求对方的严谨性，对于个别很着急的活，我们肯定要催对方，然后对方就会应付了事，做的活很粗糙，这让我自己感觉有愧于顾客。

正好老公被我"拉下水"后，积极性很高，他的手也巧，在看了别人装裱之后，他试着帮顾客装裱了一下，结果顾客反映说我们装裱的作品精致漂亮，回头客慢慢多了起来。于是我考虑，自己开个装裱店。这样做一是可以控制进度，为顾客提供"一条龙"的服务；二是可以当成另外一个生财之道，这本来也是开店之初经营计划的一部分；三是可以在整个代理区域内将自己的牌子"木石"打出去，做成一个品牌效应。

我和老公都是天生乐观好拼的人，想好了就立马开始做起来。尽管装裱店的设备、框料等投入不小，但俗话说天道酬勤，付出了，肯定有收获的。目前我们的装裱店已经初具规模，发展前景看好。老公也不再是光杆司令了，已经雇了有经验的人帮忙，扩大了规模，"木石框业"装裱店的生意也开始做得红红火火了。

加盟店开起来啦

现在，我的小店经营得有声有色，我代理区域内的17个县市都从我这里拿货，邻近地区暂时没有代理的，在请示总厂后，也可以就近从我家加盟。我的"势力范围"在一步步扩大。原来我的加盟店有十来家，但后来我取消了几家，现有5家经营得不错。

我的加盟店的门槛低，不收加盟费，首次铺货达到5000元就可以。我们会负责开业指导，并提供产品图册、会员卡、购物袋。我会及时了解他们的需求，有问题我会向厂子及时反映。但做我的加盟店也是有条件的，最基本的就是零售价格设定了底线。我们的价格是总厂统一规定的，我虽然可以有一定的权力，可以调控价格的调动浮度，但价格是有个大方向的，任何加盟店都不得扰乱市场，自由定价，而且必须有固定的经营场所，不可以到集市、摆地摊等流动经营。我当时取消的几家加盟店，就是因为不按规范经营，我才决定不跟

第3章 下海创业，你准备好了么？

他们合作了。

现在想来，当初因为一直做出口贸易，没有太多零售的经验，开始做生意时很是生硬。但"实践出真知"，现在我也算是做得熟门熟路了。

关于未来，我已经做好了规划。下一步，我计划做十字绣成品的出口。十字绣成品，也叫绣片，尤其是中国一些牡丹、字画等图案，在外国很有市场。我自己本来就是做外贸的，有独立开发客户的能力，而且英语如果长时间不用，就和用键盘打字一样，会生疏的。我计划先做一网站作为推广，然后联系国外客户，只挂靠阿里巴巴等网站营销是不行的，还得靠我自己多方努力。

回首来路，一步步走来，很是辛苦，可又不得不承认，把自己喜欢的事情作为事业，是最最幸福的。苦并快乐着，风雨无阻。因为往前走一步，就离成功近一步；耕耘了，就可以期待收获……

By the way：

喜欢创业的朋友，对十字绣感兴趣的朋友也可以到我的淘宝店和我聊天，一定是知无不言（http：//shop62320757.taobao.com），当然如果要买十字绣只要说明是白领日记的读者，我都会给你们一个大大的折扣哦！

专家点评：

主人公由于生活所迫走上了创业的道路，她凭借着之前工作的经验，通过长期有效的市场调查，找到了一份适合自己的创业之路。在发展的道路上，勇于创新、敢于挑战，最终以连锁店的形式在市场竞争中占据了有利的地位。

从理财的角度看，创业是承担较大风险前提下，博取较大收益的捷径之一。

主人公的做法值得借鉴：

首先，从了解市场需求开始，找到营销的突破点，选择适合自身条件的营销模式，以低成本博得最大的投资回报率。

其次，在主人公的"木石绣坊"步入正轨以后，通过她的细心观察，又找

到了一个低成本低风险的销售模式，利用实体与网络共同营销的模式，加之不断推出创新的产品，有效地扩大了市场的覆盖率。

最终，以多种经营模式的方式，吸引到更多的创业者要求加入到她的行列中来。借此机会，她扩大了产业的知名度，同时增加了多家加盟店，从另一个角度提高了总店的营业外收入。

主人公的创业之路，走得艰辛而有意义，她所选择的营销策略适合创业初期的人群，符合当今的市场需求，鼓舞了众多想要创业而害怕失败的白领们。面临现在市场竞争激烈的趋势，白领创业的机会也越来越多，只要善于抓住时机，利用自身优势，最大限度地去发挥，成功已经离你越来越近。

借鉴主人公的经验为大家介绍创业成功的秘诀：

了解自己要奋斗的目标——做好市场规划，认清创业的风险——艰难地走出创业的"育儿期"——坚持不懈地巩固创业的"青少年期"——不能深陷于创业阶段最舒适的"成年期"——敢于突破创业的"成熟期"，实现不一样的企业"辉煌期"——超越自身的经营理念，不断提高企业的市场适应能力，实现长期稳步的发展与经营——新的"育儿期"的来临……

点评专家：刘娅楠 东方华尔学员 国家高级理财规划师

华夏银行 理财经理

第3章 下海创业,你准备好了么?

钻石淘宝店是这样炼成的

昵称:第一时间
年龄:开始怀旧的80后
职业:网络技术支持兼淘宝店主
薪水:月薪10000以上

一天到晚不停地忙，起早贪黑地拼着、奔着、忙碌着、劳累着，这是你想要的生活吗？我并不是在打击你，也不是在蛊惑你，而是想告诉你，如果你想改变现在的状态，想让自己的腰包鼓起来，那么不妨试试自主创业开网店。

自主创业，说梦话哪？

为什么会想到开网店？赚钱呗！既然别人能赚到钱，我为什么就不能？大学快毕业的时候，我注册了一个淘宝账号，然后开通了一系列网银、支付宝之后，我的第一个网店算是成功了。记得那时候我还特"二"地给我第一个网店起了个名字，叫"502首富"——我们寝室门牌号是502。

那时候的我属于典型的"胆大脸皮厚"型的男人，就是从来不会寻求帮助，也不去网上查什么策略，万事全凭自己钻。当时想法特别简单："反正账号上没钱，瞎鼓捣呗！"于是开始对我的502做起了"装修"。

整整大半夜的时间过去了，天快亮的时候，我开心地看着我的502，笑得嘴都合不上了——好吧，我承认，当时我的笑容并没有持续多久，因为我很快就意识到了一个很严重的问题：店有了，卖啥？

卖啥？这是个很严重的问题！

确实是个很严重的问题。

当时的我是一穷二白三不懂，想卖东西，拿什么进货？就算有钱进货，进什么货？谁知道什么好卖，什么不好卖啊？看着我的502，我犯愁了……

开完店之后，旺旺上头每天都有人来推销，什么店铺装修，什么冲钻营销，当时都不太懂，还一个一个和他们聊怎么弄。后来某一天一个客户加了我，我永远都记得他的旺旺头像是多么的可爱，当然名字也很可爱，叫"晴天"："您好，您这都有什么胶水？什么价格？成箱的话包邮吗？"

胶水？什么胶水？哦，明白了，看我这店名叫"502"，就把我当成卖胶水的了？

我本想说没有，后来灵机一动，好呀，我就卖胶水呀。我说："您要什么胶

第3章 下海创业，你准备好了么？

水？我们这里都有。"一边和他聊天一边马上去淘宝首页，搜索进了一个卖胶水的店铺，把他们卖的货情况都告诉他。机会啊，这简直是天上掉下个林小姐啊！

我有模有样地和晴天攀谈了起来，虽然咱学习不好，可嘴皮子可不只是喝汽水用的。靠着我那三寸不烂的胖舌头，我在胶水店的价格基础上每小瓶多加了两毛钱，和客户达成了交易。他一拿就是5箱（估计这个人也是不懂网购的愣头青），我专门给他建立了一个链接以后让他去拍，果然他一下就拍了，于是我很轻松地就赚了49块钱。

晴天拍成功后我马上拍了刚看好的这家的货，因为我是大客户，这家店长在原来标价的基础上降了20块钱，我直接让他给我代发货给晴天。于是就这么容易赚到钱了，我得意地笑！拼货确实是个好办法！

我决定了：就卖胶水！谁让咱那小店叫502呢，不卖胶水还能卖什么？于是大张旗鼓地和第一次成交那家店谈判，我说我有很多国企的客户，我可以帮他接单，然后让他把他店里货品的照片都给我。他当然乐意了，而且有了我上次一拍就是5箱的经历，他简直把我奉为上宾。于是这样店铺里头没有货的问题就解决了，我很快就把所有的图片都上传了上去。

接下来，我在淘宝里找了很多胶水店铺，并把链接都做了收藏。从那以后，我开始了为期半年的拼货生涯……

拼多不拼少，拼早不拼巧

拼货也有拼货的技巧，开始的时候，别人要多少，我就拼多少，绝不多拼。当然也不要等到别人要货的时候才去拼，临时拼货难免会有抓瞎的时候，那时候的尴尬，你懂的！

那段日子，我每天都在关注胶水市场的行情，从好评度到价格走向，我每天都会做下详细的记录。

经过对比，我会找到一些销售得比较好的产品，在金钱允许的情况下，我会提前把这些货先买下来，当然，这要在我确定它不会落价的基础之上。

不过拼货毕竟不是赚钱之本，拼货其实是中间商，夹心饼干是很难做的，

主要是价格上,经过一次倒手的价格是不可能占据很大优势的。同样的图片在淘宝一搜,价格排名就出来了,大家当然愿意选价格低的。这样的日子过了3个月以后我明白了:想多赚钱,就要做出自己的风格来。

502只是我的一个小阶段,在完全熟悉了淘宝运营之后,我开始选择更好的产品。在多年自主创业开网店的生涯中,我先后经营过电子产品、家居品、日化用品、美容用品、婴幼用品和图书。

在选择产品的时候,我从不会大量进货,囤积货物是网店经营的第一大忌。除此之外,我在确定产品质量的基础上会考虑这种产品的价格层次和消费者群体,有一些原则是一定要坚持的。

首先,价格决定着很多问题,一般人不会在网上购买太贵的东西,毕竟大多数人网上购物的想法都是"捡到了就是赚了,受骗了也无所谓",所以我会选择价格在500元以下的产品,如果超过了500元,我坚决不经营。

消费者群体和产品使用率决定着我出货的速度,如果这种产品很少人用,比如碗、筷子很难换一次,或者要很久才会消耗完且利润薄到可以忽略的,比如牙签,一包才几分钱的差价,而且还要跟对方废很多话,我计算了一下,单位时间内的效益太低,像这样的货我也坚决不会做。

我当时经营的项目主要是图书销售,主要销售的项目是少儿图书,个人觉得这还不错,虽然单本收入不多,但风险不大,而且销售得很快,资金的回笼和周转就不会出现问题。但毕竟做网店销售图书一定会遇到当当、卓越、京东这三大巨头,别人价格低又送货快,我们私人商家在销售上不占优势,我觉得还是得找一个可以长期做下去的合适的项目。

找个长期的项目

老天眷顾,机会又一次戏剧性地降临了。

一天在星巴克喝咖啡,旁边两个小白领打扮的MM一直在谈减肥问题。"新买的ROEM都穿不上了,ONLY穿起来特别显小肚子了,MODA也穿不出型了。""吃饭要学大S,每周只吃香蕉喝白水,什么美感都没了……"——

第3章 下海创业,你准备好了么?

对着这么一桌子美食谈减肥,简直是暴殄天物,我实在是觉得很烦,于是忍不住开口了:"不吃饱了怎么减肥呀?怕胖你们多喝减肥咖啡啊!"

这两人还真相信了,坐到我这桌儿上,一直追问哪儿有卖减肥咖啡的。我看情况不妙,只好硬着头皮说我朋友就是做这个的,然后就准备撤退。没想到两个人还挺执著,把手机号留给我,让我帮她们联系减肥咖啡。

我脑子一转,这不又是一个机会么?现在什么人的钱好赚?不就是女人、孩子和老人嘛!这其中又以女人的钱最好赚!她们要美容要减肥要保持身材,一年的历史使命就是上半年拼命吃美食,下半年拼命减脂肪。现在人们生活条件好了,胖子多起来了,想减肥的人也跟着多了。我的网店也可以试着经营这些产品,肯定好卖啊。

于是我开始在网上搜减肥产品。没想到我随口一说的那种减肥咖啡还真有。广州一家卖减肥产品的厂家正在找北方的代理。我跟对方聊了一下,对方让我先代销着试试看。

我马上把图片上传到我的网店里,然后联系那两位MM。她们到我的网店转了一圈以后,就每人订了几盒减肥咖啡和燃脂瘦身奶茶,我为了能有回头客,一人赠了她们一小盒排毒话梅,让她们吃零食都能减肥。这两位MM也够意思,很快就帮我拉了一帮顾客过来。我的减肥产品就这样奇迹般地火了起来,每天都有不少订单出去。

当然火起来的主要原因首先是因为我的产品很靠谱。在经营的过程中,我发现除了肥胖,还有大部分人都存在便秘的问题。溶脂梅主要是解决便秘问题,也就是我们常说的排毒问题。它主要是天然的话梅再加上中药成分做出来的产品,对人体不会有损害。便秘的人一般会有小肚子或脸上色斑等很多问题,溶脂梅功效很强的,可以让人的新陈代谢正常进行,但它不是泄药,所以人们可以放心食用,老年人也可以吃的。特别适合长期便秘的、脸上有色斑的、想减小肚子的、对体重需要保持的人群。

一般来说,我在推广产品的时候,都会针对有这样症状的人群,免费让他们吃一吃、试一试,感觉效果好了,很多人会喜欢用的。我只是一个小卖家,利润

最低化，不像那些代理商一次可以拿下一个省的代理权，所以市场范围很小。都是一些吃着好的客户成为老客户，或有一些人感觉好的介绍给了朋友来买。

这个产品厂家的定位是主要走美容院的，不在电视上或外面打广告。产品效果好。美容院售价几百元一盒，我的售价才几十元一盒，都是一模一样的一个厂子里出来的东西。

广东的厂家看到我的销量不错，决定授予我代理的权限，但需要一笔不小的代理费。我核算了一下，答应了。这样一来，我的进货成本一下子低了不少，再加上我每天发货量大，跟快递公司也签约了，快递费也按单件运费的5折走货，我的成本一下子低了，利润空间大多了。

如今，我的顾客全是爱美的小白领美女们，其中还有不少像我这样身材不够标准的男士，有的经常出差的人是出差到哪儿就让我把货发到哪儿，是溶脂梅的忠实FANS。现在我每月的营业额都很稳定，夏天到了，我的销售旺季也来了，每天我都会在发货单子上签名签到手抽筋。一个大男人，做着减肥产品，想起来也是件很好玩儿的事情，我是真正的累并快乐着。

算起来，我现在也算是个经验老到的店长了。下面是我的一些经验谈：

店面"装修"很重要

装修的好坏直接决定着你的销售额。店面就是脸面，这个道理对网上的店面同样适用。即使你网店的"钻"数再多，如果别人一进你的店铺，看到里面七零八落的样子，就会本能地对店铺产生反感，本来可能成功的生意就有可能会败在这些细节上。

不同的产品经营，装修的风格和方式也都不同，这需要你做一个假设：如果我是一个顾客，我想要什么产品，当我进入一家店铺的时候，我希望这家店铺的装修是什么样的。因此，只要进行简单的换位思考，你就可以把店铺装扮得更加独特和人性化。

独特并不是纯粹的另类和超凡，而是适合消费者的心理和审美。如果你是卖化妆品的，装修用的图片全是化妆品毁容的，相信你一件商品都卖不出去。

第3章 下海创业，你准备好了么？

人性化不能少，一定要方便顾客很顺利地找到他想要的东西最重要。单品销售介绍可以多加些链接和有用的介绍。链接可以让顾客迅速查找到他想要的东西。有用的介绍并不是让你长篇大论地去讲述。比如买手机，大多数顾客关心的只是这手机能带给我什么好处和方便，没几个人会关心手机制造商的发展史和手机芯片应用的什么技术——你可以说，但顾客却看不懂，他们只会越看越烦！

信息多，才能赚得多

信息很重要，你得知道什么畅销，得知道什么产品价格有提升空间，什么产品可能马上就会降价。如果你连这些都不知道，除非天上真有神仙每天都眷顾着你，否则你迟早会把老婆也赔出去。

以减肥销售为例，我会经常浏览一些健康类网站和论坛，在那里可以第一时间得到我想要的资料，以对我的产品价格和介绍做些调整。

有个和我同时开网店的朋友，每天只知道傻傻地进货卖货，结果有部手机大幅度涨价，他却丝毫不知，仍然按原价出售，后来听我提醒，他非常感激，说幸好有我那句话，让他多赚了不少钱。

推广不能停，宣传不能少

如果没有推广和宣传，即使你店铺里的东西再好，也不会有很多人知道。如果想多赚钱，那就为你的店铺打些知名度吧！不会？不知道怎么做？好吧，教你些最简单却很实用的办法：

找身边的亲戚、朋友推广帮你做宣传，然后自己的QQ、MSN、签名可以设置链接。

找粉丝很多的微博给你加链接推广，但是这个很有技巧的，比如我就只会找和健康相关的名微博给我宣传，并且每次都不是发硬广告，我们这里有什么产品要卖钱啦，我一般是先写一段话。比如："什么让男生对你的好感度瞬间下降？A.头发干枯；B.肥胖；C.皮肤黑；D.口臭或者狐臭。夏天马上到了，你想让他看到你的大象腿么？"然后再加一个纤细美腿和大象腿的图片，打出专门减腿部的减肥产品的链接，客户一般都中招。

时常光顾一些其他店铺，互相推广一下好了。别觉得这是无用之举：如果你看到有邻居帮你推广了店铺，你是不是也会帮他推一下呢？

开网店，自主创业，难吗？我没觉得难，无非就是多用点时间、多想、多查、多记、多用心而已。钱，就是这样赚到手里的！

PS：我写的都是真故事哦，欢迎大家来我的店铺http：//xbody.taobao.com，如果你是看了我的《白领理财日记》的文章，因为崇拜我要来学开店经验的美女的话，我是会多多给足优惠的，不赚钱也给，哈哈！

专家点评：

从本案例中，我们看到了一位勤劳、爱动脑子的网店店主。如何选择经营的产品，如何提高产品的周转率，如何提升网店的知名度，这位店主都进行了缜密的思考和筹划。但是，他忽视了对资金的运用。比如，他可以利用支付宝一周的付款账期进行拼货，这样可以减少占压自己的资金。同时，他还可以向银行或其他金融机构申请小额的企业贷款，或者利用部分银行的信用卡预借现金业务，获得更多的资金。因为他选择产品的流转速度都比较快，利润也有保障，足以应对贷款利息，而且一些金额机构为了鼓励小企业贷款，在利息方面是有优惠的。这样，这位店主不仅能增加周转资金，还能利用财务杠杆提高资金的收益率。同时还想建议这位店主，在经营自己网店的同时，也要打理好自己的资产。首先，应留出3~6个月的支出金额，作为应急准备金；然后根据家庭的现状，做足保险保障。这点非常重要。因为如果想更好地发展事业，有个安全、稳固的家庭是前提。其次，还应考虑增加投资渠道。在经营网店的同时，可以做一些基金、股票，增加整体资产的收益，而且还可以利用这些投资收益，再投资于网店，扩大经营规模。

点评专家：陈南 东方华尔学员 国家高级理财规划师

依博罗阀门（北京）有限公司财务预算部财务会计

第3章 下海创业，你准备好了么？

谁说车子是消费品？
我就用来赚钱！

昵称：凯文先生
年龄：32岁
职业：部门经理
薪水：年薪10万

私家车那些事儿

在北京这个地方好像和私家车有仇一样，除了每周一天限号、五年以下限购、买车要摇号这些变态的政策以外，还要经常交通管制。特别是挨着机场高速入口的一些路段，经常被管制。只要遇到一个鸟大的官儿要出门或者一个鸡大的官儿要来访都要被管制。我就不知道你出门关我们这些P民神马事儿？谁要去找你签名么？你们都吃得和蛀虫一样，要脸蛋没脸蛋要腰围没腰围，还是谁家养了郭美美怕被人围攻么？所谓人正不怕影子斜，不做亏心事不怕鬼叫门。人家奥巴马那么大的官儿天天出门都自己一个人走，也不要警察给开路或者交通管制！

交通管制是很烦的，不过醉驾检查倒是应该的。上次高晓松醉驾的事情闹得沸沸扬扬，对我也有不小的影响。其实喝酒醉驾的事情我也深有感触，我在某合资企业做部门经理，少不了喝酒应酬。几乎每个周末，我的帕萨特都会出现在后海或者三里屯的酒吧门前，那里泊车的保安都认识我了。

其实每次应酬前总会犹豫着要不要开车去。做市场的人，少不了去些风花雪月的娱乐场所，所谓人在江湖，身不由己，你们都懂的，我就不用细说了。虽然大家都知道酒后驾车是不对的，但是如果陪客户打车去那里，就太掉价了。反正我一般不会选择打车，我身边的许多同行和朋友也不喜欢，可能跟我一样，感觉打车去那些地方"很没有范儿"。所以，我特能理解高晓松，像我们这帮P民都还不愿意打车，更何况他那样的名人，喝得烂醉到处去打车，第二天就不知道多少娱记拍到他走路踉跄翻白眼呕吐的照片了，恐怕比醉驾更损形象。

我还是每次都开车过去，喝多了就只能把车停那里或者一群人中留一个不会喝酒的最后送大家回家，第二天酒醒之后再专门跑过去把车开回来。

一个新的商机

不久后的一件事给了我启发。那天在酒吧和客户谈完，大家都喝了不少，客户还没尽兴，提议继续喝。喝到凌晨一点的时候不行了，吐了三次不说连看

第3章 下海创业，你准备好了么？

东西都已经出现重影了，客户更是躺在酒吧里开始打鼾了，晕死啊！我还要送他回酒店怎么办？我找来一服务生小声问他：你会不会开车？送我们回酒店一趟我给你300元小费怎么样？他小声地凑到我耳朵边：对不起，我们还没打烊，不过我能给你找代驾司机，你给我50元小费就行。我给你找的司机都挺靠谱，一般根据要送的里程计费，不会多收你的。

我同意了。那个司机大概20分钟后就到了。人不错，过来帮我把朋友背上车，送客户回酒店背到房间后又送我回四惠那边，来回折腾了一个多小时。才收我200块钱。我看他挺辛苦就多给了他50元。第二天客户醒来还以为是我背着他回酒店的，特别感动，赶紧把合同给签了，还多给了我两个点的价格。我开心的同时，发现了个新的商机——"代驾"。

其实我一直想创业，也在寻找合适的门路。现在什么东西都在涨，只靠工资当然养活不了自己了。今天听我老婆说排骨都涨到22块一斤了，我才发现自己真的是"被贫困"了，3年前排骨10块钱一斤的时候我的工资就已经年薪8万了，现在排骨涨了2.2倍，按照道理说我的工资该涨到年薪18万才对。可是我现在才10万，而且是税前！你们说我多郁闷。

变态的是现在的停车费和油费更是涨得不像话，中石化那帮蛀虫还好意思年年报亏损。连小崔都看不过去了，说你让我来当老总我看看怎么亏损的。

大家还记得有一首根据《我为祖国献石油》改编的歌曲叫《我为祖国喝茅台》：

石化天价灯高挂，百万酒单添神话，年年报亏损的中石化，钞票大把大把花。空调屋里喝茅台，挥汗如雨蒸桑拿，国酒喝完再喝洋酒，品着拉菲思油价。快涨价，快涨价，百姓呼声不管他。

我为涨价征博文，哪里有质疑哪里咱就把谎撒。

茅台味道就是好，拉菲口感也不差，接轨国外油价咱涨得快，油价低了咱装瞎。

总裁年薪涨三成，茅台单子无处下，赶紧上报某某委，油价快涨有钱花。骂不怕，不怕骂，涨不涨价我当家。

我为祖国喝茅台，钞票滚滚来，我的胃里乐开了花。

完全是形象生动地描绘了那帮蛀虫的无耻生活，让人恨不得煮了他们。

闲话不说了，还是我老婆说话实在，她告诫我：你都三十好几的人了，每天还这么愤青做什么？看不惯就赶快赚钱投资移民去，要不然就别成天叫嚣，你一不是80后的精神领袖韩寒，二不是名嘴小崔小白，你叫嚣别人也不听你的，自己空憋着一股子怨气对自己不好。

想想也对，谁说女人没大脑的，我看我家媳妇还是很有头脑的人。好吧，寻着法子赚钱去。我觉得车其实可以不只是消费品的，我想开一个代驾公司。在酒吧云集的地方其实是很有市场的。开车的人都会担心酒后醉驾带来麻烦，都会有代驾的需求。我是做销售的，一向认为有需求就会有市场，这是个市场空白点，商机无限。

于是我和老婆商量了一下，我想请几个人，给他们发底薪然后我去接活儿，每个给多少提成。她觉得我不应该先雇人，可以自己先试着做几个月代驾司机试试，看看行情。不过我有点拉不下面子，怎么说以前常常是这里的客人，忽然转过头做服务，感觉好像是事业不如意被炒了还是怎么的。不过老婆说如果我自己不先干两个月不知道行情就雇用人怕被人蒙了，没有市场调查就投资也是很危险的。

说干就干，为了我的投资移民梦我就撕下脸皮吧。其实想想没有什么不好意思的，我既不偷也不抢更不贪，靠本事赚钱怕什么？好在我的工作时间是比较自由的，除了谈业务，其他空闲时间比较多，于是印了一盒名片，专门在我经常出入的酒吧门口，见人就发。可惜，没几个理我的，也有人看了名片随手就扔了。结果自然是一次代驾也没做成。我对自己说：千万不要泄气，万事开头难，坚持就是胜利。

再出去陪客户的时候，我注意观察了一下：一般想找代驾的，都会找酒吧的人来办，就像我之前也是。我想自己真蠢，怎么没想到这招呢？我立刻改变了策略，不再把名片发给路人，而是给了酒吧等处的服务生和门卫、保安等人，让他们帮我介绍找代驾的人。我跟他们说，他们每帮我介绍成功一个代驾

第3章 下海创业，你准备好了么？

的活儿，我就根据实际收入情况给他们30~50元不等的辛苦费。

这次我的方向是找对了。不久就有人打电话找我做代驾，我真是抑制不住兴奋的心情，接到电话后几分钟就赶了过去。从三里屯送到海淀黄庄，我收了他250元，扣除给介绍人的50块钱我净赚了200块。有了成功的经验，我开始大规模地发名片去了，每去一家都告诉他们可以提成的事情，每次我都很守信地给介绍人送提成过去。

以后的事情就水到渠成了。我几乎每天都有代驾的活儿，有时候一晚上两三个，再累也要去，你给别人名片了，但是你不去的话，以后别人就不会找你了。因为我的服务态度好，接送及时，慢慢地有了很多回头客，再后来，他们都变成了我的老客户，只要有活动，就会提前通知我过去代驾。当客户越来越多的时候，难免会在时间上发生冲突，我还要工作，一个人忙不过来，又不想失去客户，便找了两个人来帮忙，每月给他们开工资，所有的代驾工作由我来统一调度。

人手多起来后有时候就会没活儿做，再加上我发现最近和我一样有眼光有商业敏感的人多起来了，有人来抢我活儿了，而且给介绍人的钱比我多10块钱，所以流失了不少客源。我也不是吃素的。我想到一个好办法就是预发提成：比如在月初的时候给经常给我介绍客户的人500元，告诉他这个钱你先收着，这个月介绍10个人就行了，如果介绍得多我再多给。他们都高兴得合不拢嘴，平白无故多了500块钱工资有什么不好？有时候稍微遇到行情不好一个月只介绍了8个9个我也不收多余的。别人都是介绍完了一次一结算，不稳定；我的每月都有。这样一来，服务员和保安们自然知道该给谁干活了。而且只要给我介绍客人的，我正式应酬的时候都会带着去他们家。他们见我都叫大哥，搞得客户以为我是在这里混的一样——其实我现在还真是在这里混的。

时间久了，我干脆去注册了家公司，经营项目便是做代驾等服务。

公司成立后，我感觉只做代驾服务太单一了，受拼车网、车友会等的影响，我慢慢开始琢磨着扩展我的业务范围。我知道北京有许多跟我一样有车闲置下来的白领。于是我便开展了一项出租的服务。先是把自己的车出租出

去。只要客户交一定的押金，跟我的公司签订一份租车协议，便可能按每天200~250元的价格把车租出去，油费和过路费等费用自理。后来我动员朋友们也把车放到我公司来出租，客户有时候出门会点奥迪这样的车，收费一般是1500左右一天，公司收取一定的佣金，帮朋友们把车辆进行了资源整合。他们有时候自己的车开厌了，或者因为工作或者面子的需要，也会到我公司来换别的车辆开，当然，我是先小人后君子，同样需要签协议，明确责任和义务，免除一些无谓的争端。

随着北京购车新政策的出台，对外地人在北京购车上牌进行了限制。有通过摇号拿到京牌的人和需要京牌的人想通过租赁的方式互惠互利，也会找到公司来，通过公司这个中介来找到合适的资源，而公司就赚取一些中介费。

目前，我的代驾业务已经走上了正轨，相比之下，我的工资实在显得不是那么太多了。应这本书的编辑要求，我整理了一份北上广的代驾地图，感兴趣的朋友可以看附录。

在这个过程中，我也摸索出许多需要注意的事项，可以为自己避免不少麻烦：

1. 选择代驾的地点一定要选择离自己近的地方，方便提供服务。比如我发名片的地方都离我的住处很近，接到电话我基本都能在一刻钟内赶到，为自己赢得了客户的信赖和更多的机会。

2. 出租车辆时，一定要在协议中写清楚各种可能出现的责任，比如出了事故应该谁负责，意外责任的明确等等，不要给自己找些无谓的麻烦。

3. 代驾也要看人，有些人是不能招惹的，宁可不赚钱，也要想办法躲开，看书的人，你懂的……

专家点评：

作者能从一件小事当中看出商机，真的很有当老板的潜质。对北京而言，酒后代驾公司真的是寥寥无几，一些酒后代驾基本上是被个人或者酒吧酒店本身给垄断了。

第3章 下海创业，你准备好了么？

酒后代驾，就是指由一名专业的司机代替驾驶，将喝了酒的司机连人带车送回家。酒后代驾作为一种新兴职业引起了人们的关注，酒后代驾服务为会饮酒的有车族朋友提供了一个相对安全的选择空间，也在客观上促进了国家道路交通安全法的实施。

随着社会的不断进步，国家对于酒后驾驶机动车的处理有了严格的规定，大大地杜绝了酒后驾驶事件的发生。但是出去应酬，尤其对于北京这个经济发达城市而言，喝酒是难免的，因此酒后代驾这个新兴行业也充满了无限商机。

需要提醒的是，酒后代驾也出现一些问题，要慎重对待：

1. 收费问题。

2. 酒后代驾服务质量难以保证。目前代驾行业没有一个共同的服务标准，也没有相应的监管部门。代驾公司更多的是靠自律来保证服务的质量，靠口头或书面约定来明晰权利义务。

3. 代驾作为新生行业，目前尚没有专门机构对其进行监管，加上弹性的运作时间和经营方式，使得该行业的监管几乎处于真空状态。

以上是三个比较严重的问题，造成这个行业还不能形成体系，但随着大众对这个行业的认可，相信代驾这个行业一定能够展露出它的光芒。

点评专家：杜鹏 东方华尔国家理财规划师

第4章

除了股市基金还能投资什么?

一提到理财,市面上大部分理财书的内容我都能背下来:省吃俭用,存下钱来买基金股票。但是,实际情况是基金和股市最近都不靠谱,它们还能成为我们的理财方法之一么?

除了基金股市,我们还能投什么呢?

第4章 除了股市基金还能投资什么?

只见"白银"滚滚来,晒晒我的炒银经

昵称:宁宁
年龄:二十啷当岁
职业:国企
薪水:月薪6000元

老实说我是个不折不扣的爱财之人,虽然我工资并不高,但是越没钱越该理财,穷则思变。这几年我涉猎了很多理财产品,读了不下数十部技术分析书籍,也写了好几本理财心得。但在经历了前几年A股暴涨暴跌、期货市场零和屠杀之后,如今我已逐步将理财重心转向真金白银。

西瓜没有成熟前买下来

很早以前知道的故事:一个小姑娘经过一片瓜地,看到瓜农卖瓜,就拿出5毛钱指着一个大西瓜说:我要这个!瓜农不屑一顾:你买不了这个。要买只能买地里核桃大的那个。小姑娘特开心:好呀,我就买那个!瓜农惊讶:那个还没有成熟呀!小姑娘还是很雀跃:我就定那个了,等成熟了就是我的了。说着把钱给了瓜农。

不用说这个小姑娘长大后成了投资高手。这些年的投资生涯中我也一直这样激励自己,一定要在"西瓜没有成熟前就买下来"。所以经常会接触一些新的投资方法。接触白银投资可以说是很偶然的机会。一天下班后我一个人去新中关买东西,吃完饭百无聊赖,那时回家时间太早,独自逛街又太寂寥,最后溜达来溜达去走进了一家时尚书屋。在商场这个喧闹的地方,能有这一方净土,我一时就忘记了外面的喧闹。

在陈列架显眼的位置我看到一本《白领理财日记1:给力抗通胀》,文章写得通俗易懂,很有意思,全是MSN的理财达人写的稿子。里面有一篇关于黄金投资的文章,讲到黄金抗通胀很靠谱。然后又介绍了很多购买的方法,我于是当机立断买回家去。学着书里头的方法跟着开户炒了一下黄金,小赚一笔后心情大好,于是经常跑去出版这本书的理财论坛混,看帖子看新闻。

在理财论坛混多了以后自然了解到目前的投资风向标,比如古董、纸币升值呀,白银火起来了呀什么的。有一天看到该频道中的一篇文章提到"白银才是真正的世界货币,它推动了东西方贸易400年来的发展。而在未来10年内,白银将是极其难得的投资方式。"作者甚至预言从2012年到2014年这短短两年时间,白银将从现在的28美元/盎司,暴涨至每盎司百美元以上。投资白银,

第4章 除了股市基金还能投资什么？

将是白领未来10年最赚钱的投资方式。

白银到底是个神马玩意儿？

白银比黄金还火么？为什么竟有如此大的投资价值？为了追根溯源剖析白银到底是个神马玩意儿，我还煞有介事地研究起它的背景知识。自从20世纪80年代中期以来，在大多数时间里银价在大的趋势上都紧紧追随着金价。而当次贷危机恶化、美元走强导致金价下落时，银价也随之下落。

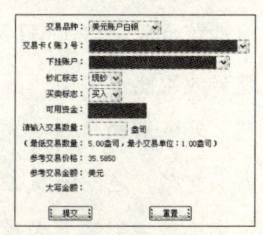

白银尽管在趋势上追随黄金，但是它的波动比黄金更大。由此可见，尽管白银在趋势上与黄金一致，但是涨跌幅度却比黄金要大得多。不仅长时段如此，白银的短期波动也远高于黄金。白银的存量正在一天天减少，总储量与黄金储量的比例已今非昔比，稀缺性可能导致银价在中远期走高，金价历史上曾是银价的40倍左右，而目前已经超过60倍，所以白银价钱可能被低估，上涨空间大于黄金。据我观察，白银走势一般跟黄金相关，如果黄金涨，白银也跟着涨，黄金跌，白银也跟着跌。而且白银不像黄金那样具有强烈的货币属性，它只是单纯的商品，所以不会受到美元涨跌的影响，只受供需关系的影响。

说到具体交易品种的选择，我前前后后上网查询了很多财经网站，也泡过好几个专业论坛。其实相比于黄金投资，白银市场可供选择的交易渠道也差不多，各个投资工具都有其显著的优缺点。一般来说我们白领主要接触到的炒银方式分两种：一种是关注度最高的纸白银交易，几百块钱就可以入手而且不耽误上班，可以在晚上交易，但它的缺点也是显而易见的，不能做空，手续费也较高。以我开户的工商银行贵金属交易为例，有人民币的和美元的两种，人民币的100克起点，美元的5盎司起步。人民币的每克4分点差，美元纸银0.15美元每盎司；另一种方式就是白银T+D了，它比纸白银高深了很多，单单是本金要求就有相当大的差距，白银T+D差不多需要5万左右的资金才能玩，借助于杠杆化的投资工具收益亏损都被成比例地放大，但它也有明显优势，有做空机制，无论行情涨跌，只要你看得准都能赚钱。

由于我之前提到过的照着书买纸黄金那会儿就早早地就开通了工商银行个人网银，当时账户里还剩下不到9千美金，交易起纸白银来自然驾轻就熟。之前炒黄金时用惯了MT4看行情，那个软件可以把走势图拉得很开，变化周期画趋势线也比较方便，最重要的是黑色的视图背景让人长时间盯着它也不会看花眼。我发现银价从去年9月份突破前期高点以后一直是小碎步上涨，这实在让人很纠结，之前炒黄金的经历告诉我，这种行情随时酝酿着调整，如果入场点位选不好会把接下来好几天的心情都搞糟。

于是我一直在等着回调，我能做的事情就是每天晚上看看盘，如果看到的还是这样不温不火的上涨就下定决心坚决不介入。或许是功夫不负有心人，又或许是白银没日没夜地向上爬行了太久，终于挺不住了，我清楚地记得当白银跌到28.20美元时我用了手中大约三分之一的仓位勇敢地买进100盎司，虽然后续又跌了一些，账户出现了浮亏，但我本着大趋势没有走坏的心态在跌到27美元时又进了200盎司，用几乎满仓的代价将成本价一下子摊到了不足28美元。

只见白银滚滚来

现在想起来，当时或多或少是受了白领理财那本书里买黄金的那位投资达人的影响，把如此重的仓位拿在手上竟毫不紧张，每天依旧看外盘到午夜然后准时睡大觉。而之后白银那波淋漓的走势则着实出乎了我的意料，它以差不多45°的角度开始向上攀升，我用以前形成的习惯沿着它的足迹画了一条近似45°的向上趋势线，告诉自己，只要跌破了这条趋势线就立即撤出来，千万不能让胜利果实溜走。

接下来的几天对我来说才算是巨大考验，每天我都在为那条线没有被攻克而欢欣雀跃。这样的日子过了差不多2个月左右，期间银价多次触碰到了我的生命线只是没有刺破，我就一直持有不放。当然历史都会重演，美梦终会结束，白银再次出现了回调，我果断地在34.5左右全部清出。这一笔挣得虽谈不上惊心动魄，但真的让我回味无穷。此后我又快进快出做了几次，直到白银一口气涨到40，对，你没有看错：我28买的白银现在涨到40了！

第4章 除了股市基金还能投资什么？

　　君不见黄河之水天上来，奔流到海不复回。君不见白银之财滚滚来，稳赚进卡手抽筋！我完全就是个投资天才啊！巴菲特算神马？索罗斯又算神马？一切都是浮云！我宁宁才是最牛的！这时候我看到账户里已经赚了近2千美金，于是赶快卖出了60%，打算把钱换出来买个爱疯4犒劳一下自己！

　　然而还没买手机就出现了意外。记得那时候所有网站都在报道谁谁谁靠白银发家的财富故事，各大银行的纸白银开户数量也持续激增。那时候整个人的赌性重了，鬼使神差地不顾价位把账户里所有余额加上当时剩下没出的40%仓位全部押宝白银涨到50元。我当时大概是忘了巴菲特那句名言：在别人贪婪的时候需要恐惧。

　　现在看来，不得不说那一刻贪婪战胜了一切。当人们奋不顾身地加入到狂欢的队伍之中畅想着一场白银盛宴将要到来时，它却爽约了。

看似合理的解释总是晚一步到来

　　五一劳动节过后白银市场迎来了最为血腥的一周，短短11分钟暴跌12%。我完全不敢相信自己的眼睛，电脑屏幕上的K线比跳水运动员落得都更快。账号里面的钱每次刷新都少几百，我的神呀，这是肿么啦？交易结束的时候我还没有反应过来。看到各大财经论坛的"砖家"们都"雨后春笋"般冒出来说这应该是暂时的，因为索罗斯多翻空玩弄中国散户，明天或者下周就会好起来。

　　我该信还是不信呢？想起网友们调侃地震前兆：井水异常，青蛙乱跳，老鼠打洞、专家出来辟谣。感觉和现在我面临的情况差不多呀！想到自己已经把前期赚的全部赔掉了，如果现在再不出来很可能就会损失惨重。我后悔起当初不该把到手的鸭子弄飞，之前赚出来的1千多美金本来是英明之举，可自己却成了贪欲的奴隶，贪心越来越大。就算再跌我也不打算止损了，于是下定决心先再放一周看看。

　　没想到之前的12%真的只是地震前的预兆。短短的5个交易日我也体验到了从地板跌到地下室，再到地窖、地壳、地狱18层的经历！短短5天跌幅高达28%，我的钱从净赚2千美金跌到赔1千5百美金。之前打算买爱疯4的钱也在跌

到地壳的时候放进去想进去抄底，结果被跌到地下18层去了。

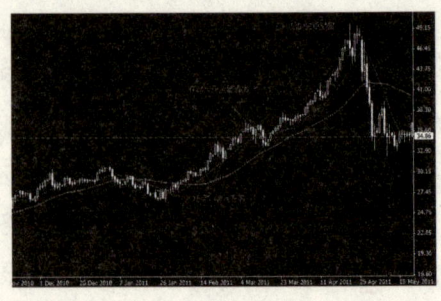

之后各种报道纷至沓来，什么索罗斯多翻空玩弄中国散户，什么纽交所5调保证金，什么本·拉登是压倒白银的最后一根稻草等等等等。这些看似合理的解释总是晚一步到来，身边很多朋友也在这个月损失惨重，毕竟在暴跌行情开始后还能够果断收手的是极少数。设想一下，如果我五一之前那几天能够仔细地分析一下近期的行情走势，心中一定不会抱有那些不切实际的幻想，右侧交易、控制仓位现在看来都是金科玉律。

痛定思痛以后，我对数字已经不敏感了，开始静下心来总结看投资书籍，研究白银，自己总结经验给《白领理财日记2》投稿。

我个人觉得，就现在白银这种走势来看，或许已经进入震荡整理行情，在这后个点位进去风险自然不小，但长期依旧看涨，总的大趋势还是在向上走，别忘了，还有金九银十等着我们呢。所以虽然经历了惨痛的教训，我仍然没有把钱拿出来，打算长期投资，对长期来说还是看好的。

TIPS：

我经常去的白银论坛：

第一黄金论坛（http：//bbs.dyhjw.com）：人气旺盛，其中金银大家谈常有高手出没

中国纸白银论坛（http：//www.zby.in/）：主要针对纸白银和白银T+D；

白银投资网（http：//www.baiyintouzi.com/bbs/forum.php）：网友晒单区不错，但水贴也多；

中金论坛（http：//bbs.cnfol.com）：在黄金区有部分白银点评。

第4章 除了股市基金还能投资什么？

专家点评：

从白银投资品种选择上看，主人公"宁宁"选择了最适宜投资的一种白银品种——"纸白银"，相对于白银T+D的杠杆操作、高风险、高收益而言，纸白银（账户式白银）明显具有投资便捷、变现能力超强等优势。如果需要选择贵金属投资品种的话，纸黄金或纸白银都是较为理想的贵金属投资方向。

相对于传统市场而言，新兴的纸白银市场投机的成分非常大。白银本身单位价值较低，适宜大笔购入，当楼市受打压的时候，一部分热钱就要找出路，白银作为一种交易的重金属，相对于黄金和铂金较高的价格，白银更适合炒作，所以白银波动的范围比黄金更大。

白银投资具有相当高的风险，我们可以套用股市常用的一句话："银市有风险，投资需谨慎。"在个人理财上，先要完善自己的风险应急准备金及家庭保险规划以备风险，然后可以购买稳健的基金、债券、炒股、炒金、炒白银。在资本市场中高风险投资品种投机成分太多，永远没有人知道谁是接到击鼓传花的最后一员，股市、金市、银市涨涨跌跌，千万不要乱了眼、迷失了方向，保持清醒的头脑最重要。

点评专家：宋伟民 东方华尔国家理财规划师

亲子定投的梦想

昵称：Yolanda76
年龄：70后
职业：私企中层
薪水：月薪税后9K

  我这次要给大家分享的是亲子定投。对于很多年轻的父母来说，它不过是锦上添花的美事儿；但对于我们这个有脑瘫患儿的家庭来说，它真的是雪中送炭。

  亲子定投是给我们这些当家长的设计的基金定投活动，通过每月定投的方式为孩子储备成长所需的开支，比如衣食健康、学校教育、兴趣爱好培养、结婚买房等，适合孩子年龄处于0~18岁的家长们，从我身边的朋友来看，孩子上小学阶段的朋友们买的比较多。

  我的定投故事要从1999年说起，当我从省儿童医院确切地知道儿子因为出生时在产道延误过久新生儿窒息而导致了脑瘫时，我连死的心都有。医院的抢救不但花光了我们夫妻所有的积蓄，也耗光了我娘家给我陪嫁的礼金。在回程的火车上，我婆婆流着眼泪对我们说："要不然，咱们就把孩子送到福利院去吧？"我们夫妻对望，眼泪冰凉冰凉地流。我爱人是个倔强的汉子，他抱着我们的儿子斩钉截铁地说："儿子，再苦再难，爸爸妈妈也不丢下你。"不丢下，那就得努力面对。儿子从小抵抗力比正常儿童差，发育更是没法跟正常孩

第4章 除了股市基金还能投资什么？

子比。当跟他一样大的孩子可以走路的时候，他还不时地流口水，歪着脖子在床上无法坐起来。我们都深知前面的路还很长，要想把孩子照顾好，人力财力物力上都得有足够的保障。我们夫妻俩终生都必须做的事情就是得疯狂赚钱，存钱。

开始"梦想定存计划"

  2000年我们开始了亲子定投。我们家有个专门的"梦想本"，我们两口子会把自己的短期中期长期的梦想写在上面。2000年，我们的梦想是攒下第一个1W块。那时候我的基本工资只有378块，奖金292块；老公的基本工资423块，奖金312块。每个月，我们交500块给妈妈做生活费，存800块到银行。当时我们每个月工资总收入不超过1.5K，除去这雷打不动的1.3K，就所剩无几了。可是为了我们的梦想，为了我们可怜的孩子，再苦再累我们也只能坚强。我们每天下班后都去做兼职，有时候一天工作12个小时，累得连走回家的力气都没有，真想直接就躺在大街上睡觉算了。这样的定存我们一直持续到2005年，这5年除去崽崽每个月住院做康复以及奶粉等基本开销外，我们还攒下了6W多块。

  2006年初，我开始买基金。之所以买基金，是因为我在银行工作的姐姐告

诉我，有一种投资方式，它的风险与收益都介于股票与存钱之间。她还告诉我"中国的股市很有前景，而基金就是让专业人士帮你炒股，为了崽崽的未来你可以试一试"。按照姐姐的推荐，我买进了第一只基金上投阿尔法，具体怎么买的，哪天买的，我已经不记得了。我姐每天都会根据股市的涨跌实时通知我如何操作，她说今天该补2K，我就补2K；她说今天该赎回一部分，我就赎回一部分。到2007年10月份，我们总体上大约陆续投入了5W左右。这一年多时间，我对基金的认识伴随着我的基金收益在突飞猛进。现在回过头去看，我真得感谢老天，它的确在关上一扇窗的同时为我开启了另一扇门。如果不是因为我的崽崽，我或许至今还过着寅吃卯粮的日子；但是为了孩子，我很早就被动地开始了投资生涯。这一路跌跌撞撞走下来，如今我才发现我居然在最懵懂的状态下见证了鸡场最好的年景。

基金户里的13万

2007年底，我们投入的5万已经变成了13万，赎回了去北京给崽崽做了神经干细胞移植手术。这次手术对崽崽的帮助很大，手术后他的智力有很大改善，他基本上能跟人用语言交流，且基本能像正常的孩子一样上学了。

2008年至今，我鸡场里的鸡有过很多变化，但是我心里很清楚地知道我只是一个趋势投资者，我从来没想过也深知自己没有发短线横财的实力，但是，作为一个母亲，我会尽我最大的努力给我的孩子最好的未来。我很庆幸，在崽崽很小的时候我就为他开始做亲子定投。因为早，我见证了最好的年景获取了很大的收益；因为这些收益，我才在有机会给他做神经干细胞移植手术的时候没有因为缺钱而错失良机。

我想建议的是，做亲子定投，你首先得制订定投计划：你准备定投多少年，是3年还是5年或者更长？你准备每月投入多少，是300块500块还是更多？其次，你得通过不断地学习构建适合你们家庭资金状况的基金组合。比如我，我的投资理念是没有好基金，只有好操作。除非是差到极致的基金，否则的话，大部分基金只要我们踏准市场节奏，跟随大趋势操作，坚持长期投资，收益通常都不会差到哪里去。目前很多银行及基金公司的网站直销都有关于亲子定投的专门介绍，比如上投摩根基金公司，它根据家长们承担风险的能力及不同的个性化需求推出了亲子定投经典套餐、积极套餐、稳健套餐等方案，各位不妨去网站上了解一下。

我的定投我做主

我们家目前每个月定投2000块，分别定投在4只基金上，每只500块，以5年为一个周期。之所以确定2000块这个数额，是因为老公每个月的工资除了房贷，孩子费用，父母的赡养费，他自己的零花之后大约还剩1000块。老公的工资卡是工行的，他定投的两只基金，一只是银华道琼斯88，一只是易50。我的工资卡是建行的，我也定投了1000块，嘉实增长跟华夏优势增长各500块。这样下来，我们家一年定投的总金额是24000块，5年下来是12万。老实说，我在钱上从来都不是个有野心的人，关于这12万，我的想法是，每个月2000块，对于我们目前的收入来说是个并不困难的数字，扣了不会对我们的生活质量有任何影响，相同的道理，如果我们大手大脚花了，我们也不会心疼。所以，每个月直接从我们夫妻俩的工资卡上分别扣掉1000块，在我们看来就相当于单位效益不好少发了点钱。但是，这少发的2000块，5年之后至少就是12万；而这12万随着复利效益，若干年后它可能成为孩子的教育基金，也可能成为父母的赡养费。

当然定投毫无疑问有它自己的缺点，比如，如果定投扣款日那天刚好指数大涨，你可能买到的就是单位时间内最贵的单位净值的基金。可能有朋友还会质疑："你每个月有2000块，而且从你写的帖子来看，你应该对基金还有点了解，为什么你不自己盯一下股市，在指数大跌那一天直接买进呢？"我理解你们说的这种手动定投，但是我也非常了解我自己的缺点——我是个非常懒的女人而且还很怕麻烦。为了避免买到是每个月最贵的净值，我将我们家的4只鸡的扣款日分别定为6号，15号，22号，30号，这样刚好可以比较妥善地规避这种风险。

定投不像股票，更不像彩票，它的好处不是让我们一夜暴富，它的优点在于集腋成裘，所以如果我们要享受定投这顿盛宴，唯一的手段就是坚持，用时间来换利润。当然，随着在基金投资方面知识的积累，我们也可以将自动定投跟手动定投结合起来，比如在某天指数大跌的时候，我们可主动加仓，摊平基金成本。创造财富，并不需要巨额本金，需要的只是"少量的钱"和"大量的时间"。

亲子定投的起点越早，复利效果也越大。所谓复利是指一种计算利润的方法，按照这种方法，利润除了会根据本金计算外，新得到的利润同样也可以产生利润，因此俗称"利滚利"或"利叠利"。复利计算的特点是，把上期末的本利作为下一期的本金，在计算时每一期本金的数额是不同的。虽然我们初次投入亲子定投的钱微不足道，但是随着投资时间的延长，投资回报率就会以几何级数增长。因此，如果你希望尝到亲子定投复利的甜头，你就一定要尽可能早地开始亲子定投，并尽可能延长投资时间。

朋友们，今天我想对你们说，在过去的十几年里乃至此时此刻，我与我的家庭都在遭受着种种困难与挫折，但是我依然有一个梦想。我梦想有一天，我的儿子能像所有正常的孩子一样上学，成长，学有所长，老有所依；我梦想有一天，当我老去，我的儿子也能像普通人一样自食其力，那么在我死去的时候，我就可以欣慰地说："我没有愧对社会，我培养的是一个有用之材。"

专家点评：

恩莫大过父母，情至高为双亲。文中的70后夫妻，用年轻的臂膀向我们诠释了一份对家庭的厚重的爱与责任。主人公通过投资行为来改善自己的生活，说明其具有一定的理财观念。但是，理财并非单纯的投资，理财的目的更不是单纯地赚钱。

理财的真正功用在于守住现有财富的购买力，增加财产的确定收益。

"亲子定投"就是基金定投，"父母定投孩子享受"——拉长投资期限从而换取不错的投资回报。

基金定投虽然平摊了时间和价值风险，但绝非没有风险稳赚不亏。如果基金公司投资方向单一或经济趋势低迷，则定投再久也很难赚钱。再有，选择定投的时间点也很重要，如果从高点开始投资扣款则接下来的命运就是回报率都是负数，但如果能够持续投资，熬过一个熊市和一个牛市，则定投的春天就会到来。也就是说只要选择的基金没有问题，坚持就会带来收获。

目前，很多三口之家的理财规划上普遍存在以下误区：

1.家庭理财只是投资

其实不然，家庭理财应包括现金规划、消费支出规划、教育规划、风险管理与保险规划、投资规划、退休养老规划、财产分配与传承规划八大方面。客户家庭的真实需求，是进行家庭理财规划的最主要依据。

2.风险保障受轻视

诚然，望子成龙的父母们可以为孩子提供一切可能的财务支持，而这种支持势必要依靠长期的积累和准备，所以父母的收入能力是对孩子的最大保障。而一旦在积累过程中出现任何原因的财务中断或者倒退，对于家庭和孩子来说，都无异于是灭顶之灾。处于成长期阶段的家庭父母双方要准备相应额度的人身、意外伤害和重大疾病的保障，费用为年收入的10%即可。

3.教育、养老规划结构不合理

对于教育和养老的规划往往采取单一途径进行投资，如储蓄、股票、房产等。因为教育有其时间和需求的刚性，所以稳健的投资模式是基金定投和教育储蓄相结合。相对养老的时间和需求上有一定弹性，所以采取社会保险和商业保险各占比40%，再做些其他方面的投资补充即可。

点评专家：王艺潼 东方华尔学员 国家高级理财规划师
工中航三星人寿保险有限公司 高级寿险理财师

私募操盘手告诉你的内幕

昵称：天涯
年龄：29岁
职业：私募操盘手
薪水：月薪25k

第4章 除了股市基金还能投资什么？

在大多数人眼中私募基金是很神秘的存在，对私募基金有很多疑问。比如，私募是怎样运作的，投资私募资金安全吗，收益怎么样等等诸多问题，我从一个私募基金从业人员的角度，把其所了解的私募介绍给大家，希望能对大家有所裨益。

最少100万，有人来开户么？

说起做私募操盘手真是个偶然的机缘。大概是在大学毕业后的第三年开始这份工作，一开始的时候我也和大家一样对这份工作持怀疑态度，真的会有客户么？最少100万的开户标准谁玩得起？中国有那么多有钱人么？

后来证明我的担心完全是多余的，中国的穷人多但是有钱人也真不少，根据2011年胡润排行版的统计："全国有96万个千万富豪，6万个亿万富豪，在这96万个千万富豪中，有大约40万人可以拿出1千万元进行投资，也就是拥有1千万可投资资产，比如像现金、股票等。北京市富裕人士最多，分别有17万个千万富豪和1万个亿万富豪。广东排名第二，上海排名第三。"

也就是说在北京每一万人中，就有差不多100多个千万富翁。当然，这还不包括相当数量的不敢公布自己财产的贪官。所以千万富翁的数量可能远远大于上面统计的这些数字。因此，就算暂且认为一万人中有一百个千万富翁吧，那么按这个比例算下来，在一百个北京人中至少就有一个千万富翁！

突然间我恍然大悟，那百万富翁岂不是差不多10个人里头就该有一个了？但凡能在北京买房的那都是百万富翁！我仔细盘点了一下我在北京的大学高中同学、现任同事、朋友，原来已经有10个以上的人是百万富翁，当然我惊喜地发现自己原来也是其中的一员，即使我们才大学毕业不到4年。

我们怎么让客户投钱？

盘点好了身边的百万富翁们以后，我开始有底气了，但是有100万的人当然不会投100万，否则那就不叫投资叫赌博了。要至少有1000万的人他们才会投资100万。这样的人只要搞定其中的一两个，他们圈子里面的人都会被带进

来，我的许多客户都是被朋友介绍进入这个投资领域的，当然也有是因为基金经理在这个行业小有名气而有一些追随者愿意投资。

这些年接触过很多客户，其中有一个客户后来成为我的哥们儿。他是我的大学同学介绍来的，长相很肥，我们关系很好以后我就叫他"肥鱼头"。他很有点油水，自己炒股一年都能亏掉30万，我同学告诉"肥鱼头"说，你还不如做私募呢，让专业的人帮你做。他一开始过来的时候不太放心，毕竟是100万呀，于是我们直接给他签署了一个不让他本金受损的合同：他出资100万，我们公司出资20万，打入他的交易账户中。只要交易账户的资金少于100万，我们公司就会重新注资，保证他的本金不亏损。

这样的条件一开出来，"肥鱼头"立马就答应了，"但是，我有一个要求就是要给我你账户的密码，我自己的账户我希望能经常看到里面赚了还是赔了。"

当然，这样的要求是合理的。我问："您觉得您能承受赚多少和赔多少？"

"赚的那当然是越多越好了，你一年能帮我赚1000万最好了，赔的话你尽量少赔一点啰，我自己炒股每年才亏30万，如果你赔的比我多我还找你帮我做干嘛。"

于是根据他的承受能力我给他约定了一个30%的最大风险率，在这个范围内，我们私募操盘手具有完全的权限决定买卖什么品种，买卖多少。这样的协议一年一签，年底结算。并按照双方协议约定的收益分配方案分配盈利大概4∶6的比例。由于我们公司近几年收益率不错，另外公司本身自有资金也雄厚，才有这种保本的账户。

他吞了口唾沫："这个比例是不是太高了？"

"如果您不需要保本的，可以把比例定到2∶8。"

他继续提醒我要随时看账号情况的事情。

"至于您提到的要随时查看资金，我们可以和您共享一个交易密码，可以随时查看自己账户的资金状况，资金转账密码要由我们来控制，因为这个私募的账户是您自己去证券公司或者期货公司开设，只与客户自己的银行账户关联。私募公司只是拥有交易的权限，也无法直接从交易账户中提取资金。但是毕竟我们也有打了20万在您的账户里面,为了避免您突然转走资金我们的投资就会受影响。"

"这也行,但是如果我真有着急的事情要花这个钱怎么办?"

"如果您有特殊情况,需要提前解除合同提取资金,需要提前1个月通知,并且我们公司会扣除5%~15%违约金不等,根据提取数量来的。"

条件谈妥以后他成为我的客户。

漫步云端

去年9下旬,"肥鱼头"正式成为我的客户,因为当时有色金属和能源、高铁板块的行情不错,所以我们团队给他配置了包钢稀土、晋亿实业、广汇股份等大概10来只股票,一周下来居然赚了5万块钱,肥鱼头每天都打电话来给我们道谢,嘴巴都笑歪了。以为我们是有什么内幕,很想套点小道消息给他的"股友"们显摆,我们买什么,他就叫那些朋友跟什么。但是即使是买同样的股票,许多"股友"都是跟着跟着就丢了,赚了一点就卖了,第二天又出高价买回来,第三天跌一点又开始卖,一个月下来,"肥鱼头"的账户赚了14万,而跟风我们的那些朋友仍然有赔本的。

整30天的晚上,他带着一帮朋友来请我们去香格里拉吃饭。

"经理,我很想知道为什么同样的配置你们赚钱我们不赚钱?是不是你们有什么内幕消息?"

"我个人认为私募大部分都不是靠所谓的消息,更多的是一套成熟的,可以持续盈利的交易系统。这样一个交易系统,包括如何挑选交易股票或者期货品种;什么时候开仓(包括加仓);什么时候平仓;什么时候止损;如何进行资金管理(每笔交易需要分配多少资金,每个品种最大持仓量,每笔交易最大的风险额度)。每一个问题都需要有可以量化的方法,这样交易才有持续性,稳定性。私募公司与普通交易者的优势就是,成熟的私募公司不仅形成了可以持续盈利的交易系统,更有成熟的机制去执行这个系统。而普通投资者也许有好的交易方法,但没有去始终如一地执行,大多数甚至没有这样一套系统,全

凭感觉来。"

肥鱼头说:"对!我自己交易的时候也不是每次都赔钱的,赚的时候也多,赚了就继续加大,结果每次都赔得精光出来。"

"什么系统?我们能买一个么?"

"每家私募公司,每个基金经理的交易系统会各不相同。交易系统的形成与基金经理的个人背景、知识构成、性格等密切相关。可以说有多少个交易者就有多少套交易系统。而能按照交易系统一丝不苟地执行,这就需要大智慧。因为任何交易系统都不可能每笔交易都挣钱,每次交易都不会在最低价买入,最高价卖出。"

如何认知亏损,特别是一段时间的连续亏损,是一个很重要的问题。不能很好地认知这个问题,即使把一个能持续盈利的交易系统完整地告诉你,你也不能利用这个系统持续盈利,因为这个系统是别人的,你对这样一个系统不会充满信心,特别是在发生亏损的情况下;哪怕在盈利的情况下,由于担心账面利润减少,会提前平仓;或者系统给出平仓的信号,却由于贪婪而继续持有。而从单笔交易来看,系统给出的信号也许没有你不按系统交易进出的点好,这样更助长不按交易系统交易的欲望,最后甚至会脱离系统凭感觉交易。这就是人性。技术分析的基础建立在昨天发生的事情,今天同样会发生,太阳底下没有新鲜事。本质就是人性亘古不变。

任何一个交易系统都是建立在对历史数据的概率统计上,不可能有不发生亏损的系统,亏损也是交易的一部分,是不可避免的。好的交易系统有两个特征,盈利的概率大于亏损的概率;盈利的利润大于止损。评估一个交易系统的好坏也从这两个方面入手,仔细分析一段时间的交易记录,再对照这一段时间市场行情,相信大家自己心中也会有数。

割肉时候的争执

赚钱的日子当然皆大欢喜,帮他躲过了11.11开始的急速下滑,也抓住了今年2、3月上扬的一小段尾巴。在账户持续盈利了6个月,净赚26万的时候,我

第4章 除了股市基金还能投资什么？

们遇到了寒潮！也发生了很大的争执，差点闹得要提走资金。

4月中旬开始，整个A股市场连连跳水，创业板、中小板的泡沫破裂。我们的交易系统发出警告让我止损。于是我割肉60%了，因为私募公司都很关注交易风险和资金的时间成本。不会为了一笔交易压上全部筹码。也不会出现长期持有一种不盈利的品种。

但是"肥鱼头"的观点是，既然都赔了就更不应该卖了，卖完不就承认赔了吗？应该把被套的钱放那里让他解套。他坚决反对我继续割肉，认为它总会涨回来，甚至开玩笑说，传给下一代。我们没有听他的，继续割肉了，因为我们私募每年都会与客户结算，持有一种不盈利的品种，不仅浪费资金，更浪费机会成本。及时割肉，也许亏损就在下一笔交易中挣回来了。

后来两个月的行情证明了我的判断，持续下滑，如果我们当时不给及时止损，恐怕连本金都赔了，现在至少还赚了12万。这次以后我们就成了无话不说的朋友，他再也不干预我交易了。

下面说说中国私募的情况

私募在中国是一个缺乏监管，良莠不齐的行业。私募的盈利主要来源于管理费和盈利之后的利润分成。这样的私募才是能持续成长，越做越强的。而有些私募却把主要的人力和精力用于客户开发，或者把盈利的主要来源放在交易之后，从证券公司或者期货公司的反佣上。奉劝各位有意投资私募的人，在投资前多了解一下你所投资私募的背景，盈利情况，深入地了解一下其投资理念。第一次投资时资金量也不宜过大，盈利是最好的广告，第一年之后有可观的利润再增资也不迟。

与公募的区别

相对于公募来说，私募的资金门槛更高，大多需要100万左右的起始资金。资金量过小对风险管理和资金配置会造成困难，每个账户都需要专人管理，人力成本也高。相对于资金量庞大的公募基金，私募不是市场的庄家。一股来说，私募都更愿意参与流通性好，成交量大的品种。这样的品种更容易建仓、平仓，也更容易出现大的波动，出现利润。而相对于公募基金必须一定量的股票，私募就具有更好的灵活性，可以在行情不好的时候完全空仓，也可以在行情好的时候加大持仓量。而由于公募庞大的资金量，它的持股必须是好几十，甚至更多的股票，而其中可能很多股票没有好的表现，私募的资金量更小，完全可以把资金集中在少数几个品种上，以求更好的收益率。

专家点评：

虽然此篇文章并非个人理财日记，但Mr"天涯"为大家揭示了私募基金的生动实例，对于广大投资者而言有丰富投资品种知识的积极作用，另外也能够给大家一个阳光私募的相对正面认识。私募基金追求较高的收益，私募基金管理人的利益由于和投资者的利益是一致的，私募基金的固定管理费很少，主要依靠与客户的业绩分成。只有高端客户赚到钱，私募才能赚到优异的分成。所以私募基金需要追求绝对的正收益，因此相对于公募基金而言，不会发生追逐年末排名、短期化行为等极端行为，因此反而更赢得了高端客户投资者的青睐。

由于私募基金与公募基金相比没有严格规定，因此在品种选择，进出流程方面具有相当大的优势，阳光私募基金由于没有投资仓位的限制，在投资中更具灵活性，市场行情好可以满仓操作，市场不好可以清仓，可以有效地进行组合调整。

对于中高端投资者而言，可以配置一定比例的私募基金来进行专业化理财，但私募基金配置比例也应当严格遵守理财规划科学原理，将风险高收益高的投资品种与风险低收益较为稳定品种相结合，进行充分的投资品种多元化，以便分散风险，达到适宜的投资目标。

点评专家：宋伟民 东方华尔国家理财规划师

第4章 除了股市基金还能投资什么?

墙内开花墙外香,
小试牛刀炒美股

昵称:尼古拉斯
年龄:31岁
职业:网络运营
薪水:月薪12k

千辛万苦不容易，拿到期权好哈皮

我是个身处互联网行业多年的小人物，从最开始在大门户里积累经验到后来去垂直网站当个小主管，短短8年时间见证了许多个互联网奇迹。深深地感受到在这个喧嚣与躁动的时代，行色匆匆的年轻人对物质财富和自身价值的追逐，已经演变成一场狂飙运动，存在于包括互联网在内的各个行业。

老实说，在如今的网络媒体圈，任凭你把网站UI设计得多么实用简洁，把PV、UV这些指标搞得多么红红火火，把用户体验策划得多么完美无瑕，对于处在中层以下的员工来说，自己的薪水待遇根本不会有质的变化，也许你说考核会直接关系到年终奖的多寡，那麻烦你告诉我多出来的那几千块钱又能做些什么呢，是买套房还是买辆车？所以说在网站做个屁民是件很悲催的事儿。

当然凡事都有意外，如果你所在的公司上市了情况就大不一样。之前我实在是点背得离谱，入职的公司不是已经在美国上市就是上市IPO遥遥无期，手里总拿着那点死工资，看着周围朋友们又在说某某公司刚上市，一个普通的公关经理，手头期权价值就已经突破5000万人民币，前十名互联网大公司上市后的股权激励能让员工有车又有房，车是奥迪，房在三环等消息就特别不是滋味。同是天涯沦落人，RP怎么差这么多呢。

直到……直到去年底，我RP突然爆发了，跳槽到刚满一年的国内某家视频网站（这里就不说具体名字了）在美国上市了！由于我跳过来时职位是运营部的一个小主管，这次分到了3万股普通股的期权，这些期权按照上市当日收盘价计算，价值约为6万多美元，差不多有40多万人民币。看着大老板在公司内部群发的邮件里说整个视频行业已经走上了主流舞台。心情那叫一个激动。

专业知识不太懂，成功开户好激动

由于这次分到手的是普通股的期权，最开始弄得我是一头雾水，之前只知道炒炒股票买买基金，可谁能告诉我期权到底是个神马东东？我问了周围同样分到期权的兄弟姐妹，大家都支支吾吾说不清，有的说和股票差不多，到时候卖了就是了，有的说期权是个衍生性工具，呃，@#￥%……到底谁能

第4章 除了股市基金还能投资什么？

说明白？

幸好公司给大家派了个专家答疑解惑，从他口中渐渐了解了端倪：以我们拥有的买入期权为例，也就是说你拥有以12美元/股的价格购买公司股票，如果公司上市后股价超过12美元/股，比如说20美元/股，那么你就赚钱了，选择行权，以每股12美元买入股票，再以每股20美元在市场上卖出，每股获利为8美元。但是如果公司的股价没有涨到12美元，那么你就不会选择亏本行权。因为期权是一种权利而非义务，可以选择在指定时间以指定价格行权与不行权的权利，所有如果行权不赚钱自然就不会去选择行权。

那个专家还说，你们最好尽快去开个美股账户，因为持有的是公司在美国上市的期权，而拥有个人美股账户，则可以在期权到期时，直接将期权执行到个人账户下，就可以无限期持有，并且可以合理避税和降低交易费用。

说起开美股账户颇费了一番周折，在网上看了很多网友建议，也咨询了好多过来人。原来开美股账户要先有一个香港某家银行的账户，方便来回转钱，一是从香港的银行账户往国外的账户汇钱是可以的，因为香港是国际金融中心嘛；二来从国内的个人账户汇钱到香港的个人账户也是可以的，因为是自己账户给自己的个人账户汇钱嘛，这样我们就可以采取"曲线救国"的方式实现把钱汇到国外炒股账户的目的。

开完了银行账户就到了选券商的环节，按美国网站公布，国内一般接触的也就Scottrade，Firstrade，赢透IB，SOGO，eTRADE等几家，其实这几家都差不多，要说有中文服务，据网上疯传，那就是Scottrade和Fistrade要好一些。我个人是在Firstrade开户，用过他们的中文邮件客服，网站上的LiveChat客服，都还OK，反应都还挺快的。而且手续费佣金也很透明，买股票是6.95美元一笔，不限股数，买期权是6.95+0.75美元一合约，无最低基本收费。

一般来说都是采用网上开户，这个比较简单，注册一下就好了，之后马上就能收到Firstrade发的邮件，然后就可以登录到他们的网站上瞧一瞧，但这时候还不能交易，直到收到注资邮件并往相应账户注资后才算真正开始了美股交易之旅。

问美股身为何物，直叫人无眠相许

在拿到美股账户后，我第一时间就通过X～Stream直接感受美股，整个人仿佛置身于一个花花世界，苹果、谷歌、微软、可口可乐……那些我们平时耳熟能详的明星企业，居然可以触手可及，去买卖它们的股权，这实在是一种妙不可言的感觉。

由于自己身处互联网行业多年，投资美股也打算以互联网企业为主。对这个行业我有着敏锐的触觉和深刻的认识，连巴菲特都说投资最好只碰自己熟悉的企业，从而分享它们高成长的果实，我也期望可以如鱼得水。

和我一块开户的好几个同事都兴致勃勃地疯狂补习专业知识，我们私底下经常在美股群里交流经验，对于美股的认识也与日俱增。总结起来美股和A股主要有以下不同：

1. 交易时间和时限不同

A股说白了就是在中国大陆上市的股票，所以交易时间就是大陆的白天，周一到周五。A股用的是T+1的交易方式，所谓T+1就是今天买的股票，只有明天才可以卖。

美股是在美国上市的股票，所以如果在中国交易的话，就需要在中国的晚上才能看盘。每天开盘的时间是美国9：30～下午4点（正好和北京时间差12小时），每天共6.5小时交易时间（中午不闭市），也是周一到周五。美股采用的是T+0的交易方式，即这一秒买，下一秒就可以卖，不必等到第二天。

2. 盈利模式不同

在A股中，股票其实就和商品一样，你用3块钱买了能卖到5块，你就赚了2块。A股也就是这样赚钱的。当然这都是理论，实际的操作中，怎么样才能卖到5块而不是2.5，那就蕴涵了太多玄机。

美股和A股比，美股多了一个做空的方法。相比而言有很大优势，只要市场在动，无论涨还是降，美股都有机会赚钱。

3. 有无涨跌停限制

A股有涨跌停限制，也就是说无论涨跌超过10%股票就没有办法交易了。

第4章 除了股市基金还能投资什么？

美股没有此限制，同时风险也无形中放大了。

除去以上的种种不同，最吸引我的，还是美国证监会对于上市公司近乎苛刻的审查机制，国内股市除了法规不健全、大环境有待改善外，很多新兴行业找不到企业来投资，因为这些行业的优质企业大都跑到海外上市去了。中国互联网行业就是一个典型例子，无论是新浪、百度、搜狐或是网易都选择了赴美上市，如果国内投资者看好这些门户网站的发展，那么只能投资美股。

做好了前期知识方面的储备，我和我的那一班兄弟姐妹每晚都约在群里一同交流炒美股。时差对于我们这些年轻人来说真的不是太大问题，由于大家早上都是9点上班，所以看盘到凌晨一两点也不会感觉特困，看着屏幕上那些飞速跳动的数字，整个人都始终保持着亢奋。

我至今还清楚地记着投资的第一只股票：SINA。没错，因为我之前在新浪工作过一段时间，和那里的很多朋友还保持着联系，闲谈时他们总是谈起那个据说可以改变时代的产品：新浪微博，张口就说现在微博是多么多么受重视，多么多么有前景，还给我列举了很多翔实的数据。有业绩作支撑有口碑作保证，我咨询了几个老股民，大家一直觉得这票不错，值得一投。

于是乎，我在年初73美元时买了500股SINA，没想到此妖股一发不可收拾，我天天那叫一个乐啊，和我一块建仓的同事都说当初没有在新浪分点期权现在总算能喝点肉汤，是啊，我那时候还真为没拿到新浪股票伤心难过了好久，没想到今天总算补上了。

在股价稍作调整后站上100美元时，说好不恋战，全部清出，初战告捷，好不开心！

头一笔就挣了1万多美元，快赶上我小半年工资了，心里那叫一个舒畅。赚钱效应慢慢显现出来，那些最开始还对炒美股持观望态度的同事们也纷纷向我打探消息。之后，我又波段性地操作了雅虎和完美世界，并没有挣到多少钱，但从中总结了很多经验，在我看来美股与A股最大的不同在于，美股短期波动性远大于A股，并不适宜频繁操作，加之它无涨跌停限制，短期内风险远高于A股，所以对于资质好的股票，10%~20%波动不要害怕，短期波动更不要

慌，放长线真的可以钓到大鱼。

Tips：我经常去的美股论坛及网站

洋财网：炒美股的都知道，论坛很火爆，里面新加的众智选股可以根据多个条件选出符合的股票。

i美股：个人认为最权威的美股网站，在上面几乎可以找到所有你想要的资讯。

TradeTheNews：很不错的外国网站。

雅虎财经：新闻更新得很快，消息早知道。

Marketwatch：海量信息，搜索股票最快捷方便。

专家点评：

主人公"尼古拉斯"先生的一些美股投资经验，的确值得国内白领投资者进行部分借鉴。当前美股投资成为时下风行的一种新的投资方向，但由于美股其较为宽泛的交易规则，使之风险性更高。主人公"尼古拉斯"先生认为选择自己擅长的领域、熟悉公司的美股是明智之举，但认为"对于资质好的股票，10%~20%波动不要害怕"这句话是并非绝对正确的。无论任何资本市场，交易性金融产品都具有一定的风险性，美股风险尤为突出。因此投资者在选择美股时，除了公司基本面的掌握外，技术性分析更需要加强。

从科学理财规划原理角度出发，一般青年家庭需要将家庭收入的20%~30%用于投资，以便于达到财富的保值增值的目的，随着投资者年龄的增长，未来达到中年家庭时，以家庭为单位应将整个家庭收入的50%左右应用于投资领域，以期待将来达到财务自由的最终目的。但对于投资品种应当采取分散化投资策略，应采取低风险理财品种与高风险理财品种相结合的方式进行综合理财。

尽管"尼古拉斯"先生在美股投资方面有较好的成绩，也获得了一定额度的利润。但由于美股交易时间一般为北京时间的夜间10点30分左右至凌晨5点

第4章 除了股市基金还能投资什么？

左右（由于美国具有夏令时，因此冬夏交易时间有所调整），所以对于国内的投资者而言，将要耗费极大的精力及休息时间，如若长期连夜看盘，势必影响个人生物钟，并波及个人主要工作情况，长期而言并非适合所有白领阶层进行投资。美股由于没有明确的涨跌幅限制，相对于A股10%的涨跌幅规定而言，波动性明显强于A股，因此对于投资者而言需要更强的风险承受能力。因此投资者对于进行美股投资需要进行斟酌考量，以便于进行整体的理财规划。

点评专家：宋伟民 东方华尔国家理财规划师

第5章

保险到底怎么买？

天有不测风云，人有旦夕祸福。天上不会掉馅儿饼，只会掉下来花盆什么的，所以要不要买保险，怎么买保险，且看各位达人的真实故事。

第5章 保险到底怎么买?

4S店销售教你买车险

昵称:猫头鹰
年龄:70尾
职业:曾经的4S店销售
薪水:你猜?

朋友们买车都爱找我来咨询,因为我以前在4S店做过几年,也认识一些人,掌握一些所谓的"内幕",大家问我感觉放心。那我就在这里简单说说自己的感受,也算是给大家提个醒吧。

销售和保险是一起卖

我在店里是做销售的,也会帮那些跟我们合作的保险公司推销保险。我当年的那个店,一般销售人员工资在3000～4000元,好的月份个别的能到8000～9000元,现在也不会高多少。现在4S店卖车不挣钱,全靠售后维修赚钱呢,当然个别紧俏车型除外。在店里的销售提成也不是太高,国产品牌一辆车提不了多少,进口高档品牌提的就比较多了。

所以我还是比较看重保险提成的,做得好的月份能拿到和车辆销售差不多的提成,不同险种的提成是有区别的。现在4S店应该都有专门的保险专员了,其中有好多都是保险公司自己派驻的,他们销售保险的提成也不一样,商业险的提成大约在15%左右,强制险的应该是4%——这些都是给那些保险专员的提成比例,我们的提成比他们要低多了,但我们推销保险也就是随口一带就来的,苍蝇虽小也是肉,这种好事没有人会放弃的。

我知道咱们书的读者定位是白领,我们汽车销售也有受众定位,当然买车管他白领不白领,心态都差不多,还是主要是看车的性价比,能买得起好车的也不在乎多那几千元的保险。我们也就是在卖车的时候,顺便会介绍一些保险给买主。

4S店只是卖车的,其他的都是附加帮你办的,比如验车、办车牌、买保险等,因为我们卖车多,代办这些事办得多,人熟走流程的时候就会相对快一些。比如现在车摇号了,有的4S店就说,多拿6万或者几万,帮你跑关系弄车牌。我做销售的时候还不会这么直白,都说得很含蓄,但买车的人特别是男同胞,一般都是怕麻烦,就直接让我们帮着办了。怕麻烦是两层含义,第一就是买保险的过程在4S店会省事些,第二就是在4S店买可能以后出险维修理赔会快点。不过后一点现在不同的保险公司有不同的情况。这些行业潜规则大家都心照不宣,车主买保险的时候只要注意多问,一般都不会有大问题。

第5章 保险到底怎么买？

当然也有好多人买车，就是裸车自己开走了，然后自己买保险、验车、办牌照。现在只要买车，必须买保险，否则不给验车，不给发牌。所以现在做销售加保险的比我当初做的时候要好做多了。

新手怎么买保险？

新车一般要买的险种就比较多了，一般来说，新车的强制险是必须的，另外最好再买上第三者责任险、车损还有座位险以及不计免赔险等商业险。一般对新车、新手说，"划痕险"也是一定要买的，这个险种的赔付是最多的，我敢说每个司机都一定最少会有一次让车受划痕的记录。不管是自己刮树枝了还是被人恶意划了。有个很有意思的现象：一般黄色和黑色的车辆很容易被人故意划痕，具体是为什么我们也说不清楚，可能是因为黄色太显眼，某些人看着不舒服就划你了，黑色划痕比较明显，能满足某些变态划车人的心理。

有的人怕麻烦，就会选全险。但所谓的"全险"这个说法很模糊。车险全险并不特指某种可以保障所用有风险的车险产品，我们只是习惯性地把交强险、车损险、商业三者险、不计免赔的特约险、盗抢险等几个主要产品笼统地称为全险，但并不是说买了全险，车辆出事就会"全赔"，这两个概念是不同的。实际上，根本就不存在能够保障一切风险的保险产品，每个险种都有不同的保障范围，同时也规定了免责条款，也就是说保险公司不负责赔偿的情形。现在的车险分得还是挺细的，各个险种有自己的条款，上边都有说人家负责什么不负责什么。

在某些特定的情况下，即使保险消费者购买了所谓的全险，甚至全部车险产品也不能获得全赔。比如说酒后驾车、无照驾驶、不按法律规定进行车辆年检等情况，保险公司就是不赔的。

哪些附加险是有用的

我个人觉得有些附加险确实是非常有用的。比如"不计免赔险"就是车险的一个附加险种，是对你商业险中的车损、三责、座位、盗抢险这些险种的完

善,保险事故发生后,按照被保险人在事故中所负责任,应当被保险人自行承担的免赔金额部分,由保险公司负责赔偿。你只要投保了这个险种,就能把本应由自己负责的5%到20%的赔偿责任再转嫁给保险公司。也就是说,如果车有什么事故的话,不计免赔是100%包赔,假如你的车坏了,需要去修,那你直接开到修理厂去修,到时候拿着发票去给保险公司,你自己不会花一分钱的,如果没有这个不计免赔的话,保险公司只会给你拿一部分,剩下的就只有你自己拿了,总之,有这个不计免赔,对客户自身是有好处的。

还有一些附加险你可能并不是非常需要,主要看你到这种情况的概率有多高。所以在买车险时,不要人家推销什么你就买什么,一定要看哪些险种对你而言是有用的。比如前阵子北京下大雨,多少车都被淹了,我的车在路上进水,这种情况并不多见,我附加险也没有买这类的涉水险,人家保险公司是不赔的。

现在保险行业竞争还是比较充分的,没用的东西很少,但也有些附加险是可以不买的。比如"盗抢险"。如果你的车在使用过程中一直都在比较可靠、安全的停车场中停放,上下班路途中也没有什么特别僻静的路段,或者你的车是已经跑了快10年的桑塔纳扔路边连警车都不愿意来拖走的,就完全可以考虑不保盗抢险,但如果你的车属于很常见的、丢失率比较高的车型一般来讲新车和常见的车比较容易被盗,像雅阁、凯美瑞、帕萨特之类的车子在市场上口碑不错,数量大,偷走以后很容易在全国各地出手销赃。对于盗贼来讲,尽快出手拿钱是最重要的。如果你买的是这样的车那就应该上盗抢险。

可能很多读者会认为最容易被盗的应该是合适女性开的高级一点的车如mini cooper、奥迪TT等,其实你只说对了一半。虽然大家不说,其实我们行业里都知道,开这样车的车主比较容易被打劫,因为一般都是小女孩或者妇人比较容易对付,而且一般比较有钱。

哪些险种是可买可不买的?

"车上座位责任险"这个附加险也是值得商榷的,特别是经常车里不会坐人的自己开车的司机,我个人不建议买。如果要买的话,建议单独考虑人寿和

第5章 保险到底怎么买？

平安保险的产品，保障范围和保险费一般都更低更好。如果你的车经常有朋友坐，那你就可以考虑买一点，不过不用买太多，保障额度在一万元至两万元每座就够了。

"玻璃单独破碎险"可买可不买。这个险种主要是指使用过程中发生本车玻璃单独破碎，注意"单独"两字，如果是其他事故引起的，车损险里面已经规定有赔偿条款，所以如你买的是国产车，玻璃也不贵，想省钱的话，这个附加险可以不买。

如果你买的是新车的话，"自燃险"一般都不用。因为新车自燃的概率很低，基本用不上。这个险种是指车辆在行驶过程中，因本车电器、线路、供油系统发生故障及载运货物自燃原因起火燃烧，造成车辆损失以及施救所支付的合理费用。虽然4S店的销售会经常劝你买这个，但是我们心里都知道如果是新车，自燃的几率应该为0.001%，如果新车自燃的话这个厂家就做不下去了，所以我建议你不买，如果你买的是三年以上的二手车可以考虑。

理赔也有窍门

其实只要不出险，所有的买保险的钱都算是白花钱；但既然花钱了，保险买到手，当然就要弄明白，如果出事了，应该怎么样才能更好地保障自己的利益。

出了事故以后，一定要第一时间打电话通知保险公司，一般出险都是打电话叫保险公司出现场，没有现场的情况保险公司是不给赔的。保险公司会派人去现场拍照片，如果是简单的刮蹭，不严重的也可以自己协商解决拍好现场照片就可以了，可以到交管局网站和保监局网站下载两份机动车交通事故快速处理协议书打印了放在车里备着，一旦发生可以自行解决的交通事故，可以马上拿出来在双方确认的情况下进行填写，一样能生效。到4S店或者保险公司指定的修理厂验损、修车就可以了。

我一定要提醒大家的是在高速公路上如果发生很小的事故就赶快动车走人，别因为一点点小事出大事故，每年因为在高速路因为几百块钱的小事吵架

不挪动车，还坐在车里等交警结果后面的车刹车不及被撞死的人不在少数。

现在理赔也挺快了，如果不是大的事故，有些保险公司承诺是1万以下的当天就能赔付。当然打电话必须得是出了事故，一般划痕险也没有现场，你要是两车只是刮蹭也可以报保险出现场，但是你在楼下停着，有人把你车划了一道，也就没所谓的现场了，直接自己报保险修车就完了，当然是你在买了划痕险的情况下，没买的话保险公司是不赔这个的。

有些小事故，责任明确的，很多人就不报保险了，责任方出点钱自己修就是了。毕竟还会涉及到第二年保费的问题。你出险多了说明你事故率高啊。人家保险公司当然要相应地提高你的保费了，要不保险公司不就亏了啊？所以报得多了第二年保费就贵了，这也是需要注意的一个问题。

另外需要注意的是，定损这块当然是保险公司跟4S店有些默契，在事故中破损的配件是能不换就不换。有些小保险公司还会在条款上做手脚。出险的情况下，验损按照汽配城的配件价格给你定损，不按照4S店的价格。最后的报销程序也很麻烦，这时候，也要看你自己是怎么处理这种事情了，比如看你是先掏钱把车提出来再去保险公司报销还是直接开车走人，然后由4S店跟保险公司结账。这两种方式对车主的麻烦程度不同，后者对于车主来说肯定省事，你可以根据需要来选择。

当然保险理赔这种事情也有些猫腻的，比如你哪天喝多了，自己开车撞树上去了。喝多了撞了这种情况，保险公司肯定是不赔的。如果跟保险公司的业务员熟，找个时间做个现场，也就解决了。比如说，恰好负责你的保单的业务员肯帮你，他可能会告诉你，先到4S店简单修一下，或者稍喷个漆，至少表面看不出撞树了，然后再回去找个地方重新撞一下，造成事故的样子，理赔就会成功了。有时候保险公司的业务员为了留住客户，一般会跟4S店的人一起为客户说话，这种事情说严重了，就是"骗保"。比如我知道的某家很有名的保险公司的可操作性就比较大，比如说你跟这家公司有关系，出险了能帮上你忙，作为车主来说，当然就会选这家公司喽。当然这种事情并不见得每个业务员都会做，开车还是别琢磨歪的邪的，平安才是福啊！

虽然对车主来说，这种做法可能赢得了一点小便宜，但我们花钱买保险的目的是买安心，最好是保险都用不上，我们每个车主都小心驾驶，平平安安回家，比什么妙招都好使。

TIPS：

我个人认为，买车险时，强制险是必须要的，第三者责任险和车损还有座位险和不计免赔险这些都应该买上。另外需要注意，好多保险公司在你第一次为新车买保险时，是有8折优惠的，有的是85折，这些可以争取到的利益一定要多问才行。

比较靠谱的保险公司也就那几家大的，全国各地的情况不同，可能可选择的余地更多些。但就我知道的，人保、平安、太平洋这几家公司都不错。我个人比较喜欢平安，相对来说服务流程比较好。

我已经离开4S店很久了，现在情况可能不一样了，挂一漏万，有什么不对的地方，希望大家多多咨询比较，找到适合自己的保险品种。

专家点评：

大多数人对车险都只是"只闻其名，未见其面"，有人甚至简单地认为只要买了车险就万事OK了，却忽视了自己买的车险的理赔范围，往往在发生事故之后才开始重视。

车险分为交强险和商业险两大类。交强险是国家强制的，所有要上路的车辆都要投保，商业险是自主投保的。车险的商业险主要分基本险和附加险两大类。基本险包括：车辆损失险、商业第三者责任保险、全车盗抢险、车上人员责任险；为了爱车更加安全，建议车主在选择基本险的同时另外选择附加险，要注意的是附加险不能单独投保，附加险主要有三种，分别是：玻璃单独破碎险、车身划痕险、不计免赔特约险。

随着中国汽车市场的火暴，汽车保险行业也逐步完善起来，保险的种类划分得越来越详细，保险的对象也越来越复杂。比如说私家车车险和公司车险用途不同，费用也不同；货车和家庭用车也不同。因此需要买什么样的车险，就需要您自己根据您爱车的用途来选择。

根据对各家保险公司的了解，目前中国市场上对于车险，其中有几个险种保险公司是非常不爱保的。一个是玻璃单独破碎险，另一个是车身划痕险。对于这两个险种保险公司都是亏损状态，因此保险公司也对投保这两种保险的车辆进行了层层限制。比如车身划痕险新车费率很高，玻璃单独破碎险四年以后的车拒保等等。

尤其要注意的是目前市场上卖车险的公司很多，造成市场价格也不定（只指商业险），有的公司是价格低，但是其也附加了一些免责条款，把他的责任降到最低，因此价格下降。提醒车主们购买车险时一定要注意免责条款，不要图一时小利而造成大的损失。

建议车主们买车险要先考察保险公司的实力、服务和理赔，最后再从价格考虑，毕竟理赔快速、服务优秀比多花个百十来块便宜多了。目前各大保险公司也推出了电话车险，不仅价格有优惠、方便快捷而且服务也还可以，笔者认为车主们可以试试通过电话车险来进行投保。

点评专家：杜鹏 东方华尔国家理财规划师

第5章 保险到底怎么买？

保险有用么？
生活比生存更广阔

昵称：小熊钱钱
年龄：84年MM
职业：外贸业务员
薪水：年薪6W

保险值得么？

2011年3月19日的晚上，接到了小姨的电话，电话里的她泣不成声，因为我那个壮得可以上山打老虎的小姨夫得了肺癌，而且已经扩散到了骨骼内。小姨夫是这个家庭的顶梁柱，所以他的病给家庭带来的影响是相当可怕的。第二天一早，我和爸爸去探望小姨夫。小姨流着眼泪，跟我诉说她的懊恼。原来去年秋季，村里的干部还特意到过小姨家里动员买农村合作医疗保险，但是被小姨夫毫不犹豫地拒绝了，因为他觉得自己向来很健康，没有必要买保险。虽然农村合作医疗保险每年只需交费200元，可是他觉得花这个钱一点都不值得，因为如果用这200元去买零食，还能尝个味道，但是去买保险，连个响都听不到。更糟糕的是，由于小姨一家不正确的财务观念，全家的积蓄相当于零。没有积蓄，没有保险，巨额的医药费只能靠亲戚朋友资助，无疑让这个家庭雪上加霜。这样一场大病压下来，真是不知道以后这个家庭该怎么办了。我不知道该怎么安慰痛哭的小姨。我只是后悔没有早点跟小姨他们沟通保险的功用。

我从事的职业并不是保险代理，但是我是一个保险意识很强的人。说白了，就是我相当没有安全感。偶尔当我想到万一爸爸发生意外了，或者万一我生病了，那么被剩下的妈妈和小妹又会怎样生活，我的心里就会很慌张，一个劲地发虚。所以我经常在论坛上浏览关于保险的帖子。从2008年到2010年，我在网上浏览了无数个关于保险的帖子，其中的内容五花八门，水平参差不齐。有些网友一个劲地夸保险好，也有一些网友痛斥保险骗人，那是因为发帖人的立场不同，一些是保险代理人，一些是"上过保险当"的人。网上的信息量非常大，作为一名普通的想从网络上学点东西的网民，我很庆幸自己有耐心仔细地阅读每一个帖子，然后自己尝试着去分辨这些信息的真假，并且随着时间的推移，逐渐对保险有了一个比较明确而相对比较客观的认识（尽管我对保险的认识还不是特别深入）。

第5章 保险到底怎么买?

没钱更该买保险

稍微有点理财知识的人都知道，理财无非就是攒钱、护钱、生钱。每个人攒钱和生钱的方式各不相同，但是护钱都是大同小异的，一般都是利用保险，特别是商业保险的杠杆，对生活当中的一些风险进行预防和转移。社保现在是最最基本的要求，我们老百姓护钱的手段其实主要就是针对自己的情况，在社保的基础上进行相应的商业保险补充。

我以前的办公室有好几个跟我年龄相当的小姑娘。每次我约了保险代理人来了解情况的时候，我都会劝说她们来跟我一起听，一起学习。可惜的是，她们都不愿意花这个时间来沟通交流，因为她们认为自己肯定不会去买商业保险。她们不买保险的理由非常简单，她们认为我买保险是因为我的收入比她们高，有这个经济实力去买保险；而她们的收入没有我高，所以没钱也没必要去买商业保险。这其实完全就是一个错误的思路。没钱更应该去买保险，而且并不是所有的商业保险都是很贵的。可能是因为我的口才不够好，也可能是她们认为我是站着说话不腰疼，最终我没有能够说服她们。

很多人都说：买保险有什么用啊？我还不如多存一点钱实在。其实，保险到底有什么用呢？我并不能够给出很系统很权威的答案。但是，就我个人而言，我觉得保险给了我在社会上闯荡的胆气。曾经有人说，没有买保险的人就相当于在大街上裸奔。我非常认同这句话，就我个人的感受来说，买好保险以后，确实是感觉到更加踏实了。

作为闯荡社会仅仅几年的新鲜人，收入低，存款少，是我们普遍的尴尬。在身体健康，生活平安的前提下，我们这样的新鲜人能够生活得很潇洒。但是，天有不测风云，人有旦夕祸福，风险无处不在。万一我们生病或者发生意外呢?怎么办？还是把一切都交给父母解决吗？可是，我们的父母正在步入老年，你忍心让你的父母到老还要为你操心吗？或许你家里有存款，可是我们老百姓又能有多少存款呢？10万？20万？面对一场大病，这些钱又能用多久呢？

我一直认为，保险意识是一个人家庭责任感的体现。因为更多的时候，我们购买保险的受益人并不是我们自己，而是我们的亲人。一旦发生严重意外，

当事人倒是无所谓，因为一了百了，但是被剩下的那些家属的生活就会陷入一团糟，既痛失亲人，又将面临经济上的困境。又或者，万一不幸发生意外导致残疾，保险就能够给不幸的人提供更有尊严的生活。所以我觉得买保险就是买一个心安，给自己买一个心安，更是给我们身后的亲人买一些保障。

就比如我的小姨夫，如果他购买了农村合作医疗保险，那么虽然对他的病没有帮助，但是至少可以大幅度地减轻他的经济压力，因为现在农村合作医疗保险的报销比例还是比较高的，有些特殊病种（如癌症）的报销比例更高。但是这类保险有个不足的地方，就是需要自己先垫付所有的医药费，出院后才能够凭发票去报销。如果小姨夫购买了提前支付型的商业重疾险，那么他的家庭也就不至于要举债看病了。

把一部分的风险转嫁给保险公司

买保险，其实就是为了把一部分的风险转嫁给保险公司，让我们能够更加轻松地在社会上打拼。对于我们这些工薪族来说，利用商业保险的杠杆来保护我们自己，至关重要。毕竟工薪族每天都要为了生存而忙着打工，我们的生活其实很脆弱，经不起大的风浪。但是，人生在世，哪能不经历风雨呢？为了保护我们自己和家人在人生的道路上走得更远更好，保险是必不可少的。因为，生活比生存更广阔。

专家点评：

家庭购买保险应根据自身规划目标和风险承受能力选择正确的保险产品。保障性保险产品或以保障为主的保险产品组合，例如：定期寿险、重疾险、住院医疗等，可以为家庭未来的不确定性因素提供保障。购买保险的一般原则为：

1. 先保障，后理财。
2. 投保顺序一般为：意外、寿险、重疾、医疗、教育或养老。
3. 年保费支出为年收入的10%～20%。

第5章 保险到底怎么买？

4. 不一定一次购买到位，意外险可以全家都买，其他的看经济条件，可以先给家庭支柱购买，再逐步完善。

保险在家庭理财中起到了风险保障、储蓄、资产保护、融通资金功能、避税功能、规避通胀及利率风险等重要功能。通过购买理财类保险产品，还可以起到与存款、股票、基金等产品相同的投资保值功能。

投资连接保险较传统险种具有更强投资功能，它将保单的保险利益水平与独立投资账户的投资业绩直接联系起来，缴付的保费除少部分用以购买保险保障外，其余部分通过购买由保险公司设立的独立账户中的投资单位而进入投资账户。投资账户的资金由保险公司的投资专家进行投资，投资收益将全部分摊到投资账户内，归客户所有，同时投资风险也由客户承担。

已婚青年型（两人世界）保险规划可以采用以下方法：

1. 短期保险方案

夫妇可分别购买40万~50万元的意外伤害保险，分别用1000元购买重大疾病保险，1000元购买定期寿险，保险金额大致为50万元。

2. 中期保险方案

提高意外伤害保险和重大疾病保险的保险金额，同时提高人寿保险的保险金额。采用定期寿险+终身寿险的险种组合，保障小宝宝的生活费用风险。如果财力允许，则还可以购买投资连接型保险，附带保障养老。

3. 长期保险方案

调低意外伤害保险的保额；调整重大疾病保险的保额；调低寿险保险金额；加大养老和医疗保险的力度。

正确认识保险、购买保险，才能保障人生路上无忧前行。

点评专家：史慧 东方华尔国家理财规划师

"家财险"保不了"家财"

昵称：闻西
年龄：刚过而立之年的年轻男人
职业：网站主编
薪水：月薪15000元

第5章 保险到底怎么买？

说起买家财险其实是因为一个偶然的机会，我去银行办事的时候门口有个保险公司的保险推销员，一直在跟人介绍什么理财产品。我旁听了一下，她的一些话引起了我的注意：买了这个如果家里被偷了、失火了或者楼上漏水了都能保。一年不到2000元，家里的财产就都不用担心了。

正好前不久刚被偷过一次。我家住在2楼，平时防范意识还是挺强的，上班时间家里都关着窗户。被偷的时间是在周末。这小偷特聪明，门窗都没有弄坏的痕迹。估计是在中午午睡的时候用钩子网子什么的从打开的窗户伸进来弄走的。老婆的手机、钱包还有我的一个ipad都不见了。找物业说不关他们的事情，报警半个月连只老鼠都没抓到别说贼了！

业务员给我大致介绍了一下："这个保险大概分为两个方面：第一个是基本保障包括房屋、房屋的装修和室内财产。第二个是附件保障包括：室内财产盗抢、水管爆裂、家用电器、高空坠物、宠物、出租人、保姆人身意外等。""宠物和保姆也可以有？""没错，你没有听错，这个真的可以有。"

于是在她的指导下她让我在现场的电脑上自己选择了一份这样的保单，里面的任何一个数字都是可以自己选择的。填完以后一看还成，不贵，才不到900元，保一年，房屋保了200万呢，装修保了15万，最让我心烦的被盗我选了整整10万元，心想你来偷吧，反正偷完了我有保险。

五一和老婆外出旅游3天，旅行途中还开玩笑说要是家里被盗了也不怕，买了保险了。还别说，中国人有句经常拿来考老外的定语重句叫"说曹操，曹操到"。回到家里一开门，傻眼了。眼前的场景还真像是在拍警匪剧：满地的CD，卧室的窗户被砸了，钢条锯断两根，衣柜里的抽屉也被打开了里面的1万块钱现金没有了，液晶电视没有了，化妆台里面的首饰没有了，书房里一个乾隆年间的青花瓷笔筒没有了，最可气的是把我们的结婚戒指给偷了，那可是我和老婆专门去香港才买到的Cartier的bridal系列。啊！我要疯了。

老婆气得直哆嗦，让我给110打电话，我想起来有上过保险，按照车险的经验，一般如果没有人员伤亡和纠纷的话应该直接打保险公司。不该打110，然后就给保险公司打电话问这样的情况是先报警还是先找保险！

事实证明，我的想法是对的。保险公司的员工在电话里给我说：保护好现场，现在他们马上派人过来，不要先报警免得取证时候破坏现场。（这里提醒大家：如果买了家财险的发生了这种盗窃事件，我们需要做的第一件事也是最重要的事，就是要保护现场。保险公司会让他们的理赔人员或者独立公估人、检验人员进行现场查勘及损失核定，然后才能商定残余标的物的处理办法。）

理赔定损人员记录了我丢失的东西，拍了现场的照片后，备了案就走了。然后我又给警察打电话。同样也是过来问完情况拍照完了就走了。我追问什么时候能破案，警察让我安心等着吧！我怎么可能"安心"？在这次盗窃事件中，我丢失了人民币1万元，价值2万元的戒指一个，青花瓷的笔筒虽然不是官窑的但是至少也值个2万块钱。更可恶的是，小偷居然连我刚买的高清电视也一起搬走了，那是我用奖金买来奖励自己的，价值8000元。大致估算了一下被盗的东西一共价值近6万元。不过幸好我事先买的家财险价值是10万的，看来买保险还真是很有必要的，我不禁在心里大呼庆幸。

然而事情的发展却完全不是我预期的样子，当我找到保险公司赔偿的时候，他们告诉我只能陪我500元左右。也就是我窗户被砸、被锯，还有墙面被损的钱。而我的其他损失，都不在被保险的范围内。原因是：

家财险不保的内容包括：

（1）金银、珠宝、首饰、古玩、货币、古书、字画等珍贵财物（价值太大或无固定价值）。

（2）货币、储蓄存折、有价证券、票证、文件、账册、图表、技术资料等（不是实际物资）。

（3）违章建筑、危险房屋以及其他处于危险状态的财产。

（4）摩托车、拖拉机或汽车等机动车辆，寻呼机、手机等无线通信设备和家禽家畜（其他财产保险范围）。

（5）食品、烟酒、药品、化妆品，以及花、鸟、鱼、虫、树、盆景等（无法鉴定价值）。

看到这里大家可以想象我当时的心情，我当时就火大了："你们当时卖给

第5章 保险到底怎么买？

我的时候不是说偷什么保什么吗？你说小偷能偷什么？就偷值钱的，随手都能拿走的东西呀。结果这些东西都不保，好家伙难道让我投保墙面和地板呀？难道小偷进来就为了偷我们家博洛尼的橱柜和欧式地板么？先一块一块抠走？"

保险公司的理财顾问心理素质非常好，可能是见惯了这种场面，面对情绪激动的我，他丝毫没被我的质问难倒。他慢悠悠地告诉我：保险公司所说的风险和我理解的风险是不同的，正是这种个人对风险的理解力不同，才让我们产生了分歧。

我翻看那些保险条款，确实每一条都写得相当模糊，都经不起推敲的，乍一看好像确实保证了投保人的利益，但真正出事了，却一条对应的条款也找不到。根本不是那个保险推销员当初所说的：家里丢了什么赔什么！我整理了下理财顾问的说法，大致明白了他的意思：被偷是不被赔偿的，因为被偷的风险不可控！其他诸如雷劈地震之类的不可预测的事件也是不理赔的。

在国外，家财险是家里的财产都能投保的，但在国内就不行，一些财产很难论证是不是属于"家财"。"家财"这个概念本身就存在很多的死角。

保险公司的人给我解释说："比如丢失的1万元现金，因为没有证据支持当时确实是放在抽屉里的，也没办法证明确实是被小偷给偷走了，所以不在赔偿的范围。还有古董笔筒，没有证据证明，我确实拥有这个笔筒，也没有办法证明它确实是被小偷偷走了，我们也可以认为，是你的亲人朋友把你的笔筒拿走了，所以也不在赔偿的范围内。至于您新买的高清电视是在买了家财险以后新买的，根本没跟保险公司报备，所以也不在保险的范围内。"

我看着手里的保单，不禁哭笑不得：这样一来，我丢的东西就全不在赔偿范围内了，我明明买了10万额度的保单，丢了6万块钱的东西。却只能得到保险公司500元的赔偿。所谓的"家财险"，原来是保不了"家财"的。

所以，我觉得和我一样的白领们，真的不要以为买了保险就安心了，其实，保险公司比我们聪明得多了。我买过的保险就车险还算靠谱，每次都赔得利索，至于家财险，那真的是不靠谱的。

不过通过这件事情，我也了解到了许多保险知识。家财险中的许多物品都

171

不好认定,保险业行业乱象,许多国外都保的东西在我国的保险公司很多都不保。当然如果发生了火灾,你的家被烧了的话是可以保的。但基本上是需要整栋楼都发生了意外的情况下,保险公司才会很痛快地理赔。如果只有你自己家着火,可能还要认定下是不是你自己故意纵火骗保。但即使是保险公司同意理赔,也大多会以最低额度来赔。很有可能你家里烧了家具冰箱,保险公司却只按过墙面积来计算进行赔偿,这跟你自己的预估损失肯定是不一样的,一定不要像我一样天真地以为,只要买了保险,家里的东西就什么都会赔偿,那基本上是不可能的。

因此,在买保险时,一定要做好充分地了解,不要走入保险推销员给你设下的保险误区,误以为真的家里有什么就会赔什么。

鉴于这种情况,你如果要进行投保,我给你以下建议:

1. 投保的时候要了解哪些东西是可保的,哪些是不保的。比如现金、钻戒首饰、古玩等值钱的东西他们是不保的。

2. 对可保的东西一定要强烈要求保险公司用照相存档的方式记录在案,最好明确在家里的什么地方放有什么物品。比如我的墙上挂有一个背投电视,我的冰箱彩电放在什么位置,都要用照片的形式保存下来,这样一旦需要索赔时,就会有证据证明这些东西确实属于自己家中的财物,索赔就会容易得多。

3. 家里新添置的东西,一定要及时向保险公司报备,在保险条款中加上新置的东西,作为被保险的标的物。比如我新买的高清电视,就因为没有跟保险公司报备,保险公司就可以否认电视在我列出的保险物品内。如果我能及时跟保险公司联系,把高清电视也列入保险范围,我的损失就会降低很多。

4. 一定要看清楚保险条款,要细化到每一条。好多条款只是笼统地说到:"如有损失,按相关规定赔偿。"这时就一定要明确"损失"到什么程度,怎样进行认定,还有这个"相关规定"到底是怎么规定的,以免在真正发生损失以后,会发生扯皮的情况。

当然,最好的保险还是要做好各种预防工作,我们也只能自求多福,防止发生各种不愉快的事件。对于一些不可控的风险,降低风险的最好方式,可能

第5章 保险到底怎么买？

还是要通过买保险来预防。事先做好各种不良情况的预测，至于会赔偿到什么程度，还是要看个人的运气和你选择的保险公司的诚信度如何了。

专家点评：

这位先生的遭遇着实让人痛惜。当前，很多人一说财产保险，第一反应就是车险，至于其他财产险（如房屋险、家财险、工程险等）很少有意识去关注。像案例中这位先生如果不是家里失窃了一次，可能还没有上家财险的意识。当然，有上保险的意识是好的，说明他是一个对自己和家庭都负责的男人。但是，在这个案例中，我觉得他也有做得不到位的地方：

其一，他虽然有保障意识，却没有能更加深入了解家财险，只是听业务员的简单介绍，就签字交钱了，犯了冲动消费的大忌；

其二，投保后他也没有详细地阅读保单或产品的说明或条款，只是想当然地觉得丢什么保什么；

其三，如果是人身险或者重大疾病保险的话，大多数人一定会仔细了解详细比对，因为价格相对比较昂贵，同时毕竟其投保程序也比较复杂。但是对于财产保险，因为便宜，因为投保程序简单，很多人都忽略了它其实也是一份生效合同的事实。而一旦出现了不尽如人意的情况，就得出"保险是骗人的，保险公司是骗人的"结论，其实很多情况下是由于我们理念上的误解造成的。

家庭财产保险简称家财险，其保险范围分为可保财产、特保财产和不保财产。家庭财产综合保险保障范围包括房屋及其室内附属设备（如固定装置的水暖、气暖、卫生、供水、管道煤气及供电设备、厨房配套的设备等）；室内装潢；室内财产，包括家用电器、文体娱乐用品、衣物、床上用品、家具及其他生活用具。而对于实际价值难以判断的财产例如：金银、珠宝、钻石及制品、古玩、字画、艺术品、票证、有价证券等，是不能作为家财险保险标的来投保的。若想专门保这类珍贵物品，需要与保险公司协商特约承保。

下表是一般家庭财产保险的保障范围，保险金额和保费情况：

家庭财产保险和附加险投保保费情况

保障范围	保险金额（元）	保费（元）
房屋	100万～300万	268～993
房屋装修	50万～200万	268～968
室内财产（家电、家具、服装、床上用品）	20万～100万	110～518
室内财产盗抢综合险	2万～10万	10～50
水暖管爆裂及水渍险	1万～10万	5～50
家用电器用电安全损失	1万～10万	3～25
高空坠物责任	1万～5万	3～13
家庭住户第三者责任	1万～10万	5～50
保姆人身意外	1万～5万	4～20
家养宠物责任	1000～5000	20～100

作为消费者来说，为了保障我们家庭财产安全，还是应该投保家财险的。只是在投保时更详细了解保障范围，细读保险责任和除外责任，此外，还应注意以下几个方面：

第一，不是所有家庭财产都可以投保。通常，普通家财险的保障范围涵盖房屋、房屋附属物、房屋装修及服装、家具、家用电器、文化娱乐用品等。

第二，家财险"按需投保"最经济。消费者在投保家财险时应事先和保险公司沟通，不要超额投保和重复投保，最好的投保方法就是"按需投保"。

第三，"保险标的"发生变化应及时告知保险公司。对于家财险，保险合同内容的变更，投保人必须得到保险公司的审核同意，签发批单或对原保单进行批注后才产生法律效力。

点评专家：桑蓓 东方华尔学员 国家高级理财规划师
北京明亚保险经纪公司保险经纪人

第5章 保险到底怎么买?

80后MM买保险的历程

昵称：小沉雁
年龄：还没有2够就快奔3了
职业：销售
薪水：年薪8W

我是84年的MM，受理财意识较早的影响，2004年的时候就开始为自己购买商业保险了，只是至今我都认为我所买的保险于我而言没有什么作用。对于保险，我也一直处在困惑之中：到底如何才能花最少的钱买到最适合自己的保险？

居然买了个不适合年轻人的储蓄分红保险

2004年的时候，做保险的小姑为了让家里人都支持她的工作，动员了家里所有的亲戚买她所在公司的商业保险，而刚二十出头的我也不可幸免。好在我对保险并不排斥，便欣然同意了。我人生中购买的第一份保险就这样诞生了。它不是社会保险，是商业保险。而且它是商业保险里面保障最低的一种险种，即新华人寿的吉庆有余分红险。小姑信誓旦旦地承诺："你只要一年交1500元，20年后就能拿到40000块钱，而且每年还能分红，比存银行划算多了；要是真有个意外发生，还能得到30000元的赔偿金呢。"

当时觉得既然这样，那倒不错啊。20年后，没准我的孩子刚好要上大学了，留给孩子上大学倒不错。如今5年过去了，每每想到这第一份险都觉得有些可笑，因为20岁的我购买的第一份保险不是社保，<u>也不是商业保险里面一些比较适合年轻人的意外险，而是一份具有储蓄功能的分红险</u>，这和自己当初购买保险的初衷是相背离的，我不知道20年之后，经历过通胀，我所交的30000块钱会相当于现在的多少钱。而且至今我都不明白，20年之后，我拿到手的到底会不会有小姑当时承诺的40000块钱，所谓的分红是包含在这40000块钱里面还是另算的？

后来泡在理财网里看着前辈们的理财经验，保险意识也有了些加强，意识到分红险并不适合年轻人，对小姑也有些意见，因为作为家里人，她为了拿到首张保单20%的高额提成，不顾我的利益为我选择当时她们公司热推的险种（好像一般保险公司的业务员在一段时间里向客户都会推一个当时主推的险种），这样的做法，实在让人有些愤懑。

第5章 保险到底怎么买？

保额不足的疾病险

2006年的时候，在公司为我保了意外险之后，我觉得有必要为自己再保上一份重疾加住院医疗险。但当时为了遵守双十定律（即保费应占年收入的10%，保额应是年收入的10倍）。所以，我只能为自己的第二份保险选择在保费1500元上下的。

当时实在不想在小姑那里再买保险了，可是那时候我们这到处都是跑保险的业务员，保单的提成也是行内公开的秘密，家人碍于情面说反正都是被人赚钱，就给家里人赚得了。就这样，我的第二份保险依旧是新华的，我对小姑的要求就是保重疾外加住院医疗，但我只能承受保费1500上下的。最后小姑为我保的是她们公司的新华健康天使重大疾病险外加个人住院医疗险。

当时对于这份保险还是相当满意的，因为它保32种大病，保险期限60年，60年后若未发生上述大病，可返还交保费，年交保费只有1200元左右（其中主险942元，附险221元），住院还能有1万元的保额，每天还有住院补贴。

可是后来经理财前辈们的提醒，才发现这份保单主险只有3万的保额，附险只有1万，这才恍然大悟，这样的保额实在是太少了，根本不能满足我的需求。后来我质问小姑为何保额如此之少时，她很干脆地回答我，说是我自己选择保费1500上下的，而交这么多钱的保费只能有这么多的保额，要么就得再加钱。当即只能作罢，只怪自己对保险知识了解得不够深。

经历了这两次失败的购买商业保险，我对购买保险谨慎了许多，也知道自己的保险很不完善，便多了关注保险的意识。通过一位AFP网友的建议，我为自己先补充了社保，交纳了社保的养老与医疗。

至今，我都觉得那位网友的话对于我们这些普通人很有启发。他说，**商业险是社会险的补充。首先一定要完善自己的社保，然后再根据具体情况选择适合自己的商业保险。**

如今，我一年的保费加一起有7000多元，主要包括基本的养老险、医疗险，这两项一年大概在5000元左右；商业险主要为之前缴纳的一份保额为4W年交1500元的，到期返还本金的分红险，因为已经缴纳了7年，退保已没有太

大的价值，算是个人理财方式的一种补充吧；一份保额仅有3W的重疾险970元，也是小姑之前推荐的那种重疾险，只是将住院医疗的附加险给退保了，而主险退保已没有价值，今后打算随收入的提高进行增加保额。

今年我为自己补充了30年期保额为29W的消费型定期寿险，消费型定期寿险主要是指在合同保险期间内，自己因意外伤害或者疾病导致身故所赔付保额为29W的保险金，如果30年内自己没有身故，那么这个钱也不会返还。为什么选择29W呢，因为保额30W就要体检了，而保险公司认定的健康体与医学上认定的在一些指标上有所区别，我刚开始为自己补充的保额为100W的保额没有通过保险公司的审核，即被认定为次健康体，如果要将保额增加，那么保费也会相应地增加。至于选择保障时间为30年，一来是因为消费型定寿的保障时间最长的也只有30年，而我对于一个家庭最重要的时间也是在这30年里，而这份消费型定寿的保费一年仅有450元，却可以为家人留一份保障。

我想，当初20岁的我要是能遇到一个责任感与专业知识强的保险代理人，或许今天对于保险我不会走如此多的弯路；当初若是自己多深入地研究保险的常识，或许便可以避免这些错误的教训。

在此也希望自己购买保险的历程得失能为想购买保险的朋友们带来一些启示，不会错买保险，都能够买到适合自己的保险，发挥保险这一理财工具带给我们的安全保障功效！

专家点评：

80后美眉通过自己购买保险的亲身经历为我们现身说法，她对保险的认识是逐步深入的，但她虽然购买了3份商业保险，仍然没有建立起完善的财务安全体系。

第一份分红型产品严格来说不能算投资性保险，其所具备的更多是保障功能，对于年轻人来讲不是很适合，而且4万元的保额实际上也起不到什么作用。第二份保险属于返还型重疾产品，保费相对贵，适合35岁以上人士。作为

第5章 保险到底怎么买?

收入不高的年轻人,拿出1500元购买消费重疾产品,获得30万元的保额,有助于建立完善的重疾保障。选择退保住院险并不妥当,住院的几率高于重疾,1万元保额可作为社保的有益补充,每年221元的保费,是完全可以承担的。第三份消费型寿险,身故理赔,是为家人建立的保障,但保额和保障时间都受保险公司限制。所以她虽然购买了三份保险,但保障体系仍有不少漏洞:

第一,缺乏足额的意外保障险。第二,应建立至少30万元的重疾保障。第三,消费寿险也须考虑。对于年轻的单身人士,购买保险可注意以下几个原则:

1. 出现风险时先管好自己,不拖累家人,不成为家人经济上的累赘。

首先应考虑购买意外保障险,可根据收入情况选择30万元到50万元的保额。意外险是根据伤残等级进行理赔的,除身故或全残按100%理赔外,一般会按比例理赔。人一旦残疾,收入中断,经济会陷入极度困难,所以投意外险的额度不能省。

其次要考虑重疾保障,30岁以内是收入积累期,建议选择消费型重疾险,保额在30万元以上。不能只考虑重疾的治疗费用,还要考虑由于重疾发生导致收入中断时的生活费用等。

2. 出现风险时为父母准备一笔钱,保障父母未来的生活。

定期寿险、定期家庭收入保障险,都是比较好的选择。保障时间可参考父母预期寿命(人均寿命约80~85岁),保障额度则主要考虑父母未来的医疗和生活费用。

3. 为人生未来做规划。

人生将会面临各种重大时刻,结婚、生子、养育孩子、退休,都伴随着重大花销,尽早做好基础的筹备是很必要的。在这方面,建议选择投资性保险产品,比如投资连接保险,可以帮助自己养成定期投资的习惯,在完成长期理财目标的同时,也兼顾保障功能。一些投资性保险产品还可以替代定期寿险,可谓攻防兼备。

点评专家:卢婕 东方华尔学员 国家高级理财规划师
中美大都会人寿保险有限公司寿险规划师

智斗保险代理人，小熊钱钱这样买保险

昵称：小熊钱钱
年龄：84年MM
职业：外贸业务员
薪水：年薪6W

第5章 保险到底怎么买?

保险的首要目的就是保障

保险是个很神秘的东西,因为代理人说得天花乱坠,而我们老百姓听得云里雾里。这就是我在开始学习保险以前对保险的看法。看不懂那些条款,也听不懂那些代理人的解释,所以我一直认为保险很神秘,而那些能够以卖保险为生的代理人就更是了不得了,不是一般人可以做到的。我每次跟以前办公室的小姑娘宣传保险的时候,她们都是很干脆地说,我们不懂,也不买。而那些办公室的阿姨们都购买了保险,不过都是给家里的小孩子买的分红类险,都是冲着投资去的。

我在没有关注保险以前,一直都是认为保险就是为了保障。这倒不是我这个人思路清楚,实在是因为我孤陋寡闻,没有人告诉过我保险也可以有投资分红的。不过,在网上浏览了大量帖子后,我更加坚定了这一想法——保险的首要目的就是保障——投资红利这些神马都是在保障的基础上衍生出来的。

2009年农历新年的时候,隔壁奶奶家设宴款待新娘子(谁家亲戚如果有新娘子,那么第二年的春节都要设宴接待新娘子,这是我们农村的习俗)。因为请的亲戚朋友有很多不能出席,就让我和妹妹也一起参加。席间,有一个人发名片,是某个保险公司的寿险代理,想让亲戚朋友们帮她也宣传宣传。可惜的是,她并没有把名片发给我和妹妹,只是给了在场的大人长辈。我当时已经看了很多关于寿险的帖子,也有些问题想请教下代理,可以的话,就跟她买保险。我兴致勃勃地想跟她聊天,结果那位大姐并不是很愿意搭理我,所以我也就兴趣缺缺了。刚开始我还挺郁闷的,我就这么不招人待见?后来,我妹妹告诉我:很可能那个大姐以为我和妹妹还这么年轻,肯定没有兴趣,也没有能力买保险。我很无语,唉! 这位大姐的眼光也太短浅了一些,像我这样年龄的才是潜力股嘛。我想保险代理人极强的功利性目的也是为什么一些老百姓谈保险就变脸的原因之一。不过,这位大姐并没有打击掉我的购买欲望,因为我买的是保险公司的产品,并不是买代理人的服务。

斗智斗勇买保险

又继续在网上泡了半年的保险论坛，2010年的7月份，我终于决定约保险代理谈买保险了。我分别给三个保险公司的服务热线打了电话，请他们安排有经验的保险代理人来跟我做沟通（估计像我这样自己找上门要求买保险的人还不是特别多）。我是在同一个下午打的电话，R公司的回复速度最快，第二天下午就上门来跟我沟通了，而且他们同时安排了一位男性和一位女性工作人员，穿着西装制服，胸口挂着牌子，给我留下了非常好的第一印象，所以我最后也选择了这家公司的产品。P公司的代理人给我回复的第一个电话已经在一个星期以后，而且是在我下班路上，我让她换个时间打我电话，因为我在骑电瓶车。结果这位大姐又隔了差不多10天才给我来第二个电话，依然是在我下班路上。T公司的人登场最有喜感，一个缩头缩脑的男性上门，然后我告诉他我的保险需求，请他做好计划书后，我们再约见面。不料，此人从此杳无音信。从头到尾，我都没看到过他的正面。

跟保险代理人沟通的过程，我个人认为，就是一个斗智斗勇的过程。当然，从理想的角度看，保险代理人应该是把自己的保险知识转达给客户的，利用自己的专业，帮助客户进行风险规划的良朋知己。但是，实际上，由于双方有各自不同的利益出发点，所以导致在现在这个阶段，保险代理人和投保人经常会有摩擦。就拿我自己这个例子来说，我在跟保险公司热线电话沟通时，就告诉他们我需要购买的是消费型险种，暂时不考虑分红型保险。可是，等到保险代理上门的时候，他们拿给我的第一份计划书全部都是分红型的保险，有些是投连险。我重申了我的保险需求，一再强调要消费型的险种。然后这些代理人花了一个下午的时间，洋洋洒洒地说了一大通分红型的好处，试图说服我改变想法，改买分红型的险种。说实话，我当时还真有点儿招架不住，因为我这个人耳根子特别软，别人说什么一般都会觉得别人说得有理（所以我经常性冲动消费）。末了，他们让我在计划书上签字，幸好，我当时像唐僧一样，一直在心里默念：买保险不能冲动，要不然损失的不是几千块，而是十几万块钱。终于，我一脸平淡地告诉代理人：把计划书留下吧，我再看看，看好联系你

第5章 保险到底怎么买？

们。其实，我当时心里比较虚，因为不习惯拒绝别人，特别是他们非常热情。

冷静了几天，我最终还是决定坚持买消费型的险种。因为我现在的收入还不高，而分红型的保险虽然红利看起来比较诱人，不过保费高而保额低，不是很适合我这种财富积累初期的小年轻人。消费型的保险虽然没有分红或者返还，但是保费确实是很低廉啊，而且保障额度高，比较适合像我这样收入不高，但是保障要求高的人。所以，我又分别致电R公司和P公司，请他们帮我重新做一份计划书。然后，我又开始了一系列的计划书的比较等等。

买保险一定要理性，理性，再理性

我向来是个跟理性绝缘的女生，但是网上的帖子都一再强调，买保险一定要理性，理性，再理性，因为这是关系到未来几十年的大事。所以在买保险的过程中，我的理性和感性一直互相博弈，一直到最后达成一种妥协。理性的胜利主要表现在我抵制住了分红险的诱惑，而感性的成果则是我最终选择了给我第一印象比较专业的R公司。虽然网上很多人说重点要比较产品，而不是代理人，不过，我还是比较倾向跟顺眼的代理人合作。

办公室的阿姨们很不认同我买这些保险，因为我还这么年轻，而且买的保险没有分红。不过，我个人觉得，没有人选错保险，错的是没有保险，没有足够的保险。而且，人寿保险只在没有需要的时候才能够购买。等到我年纪大了，有需要了，估计保险公司也不愿意卖给我了。

9月份买完这部分保险以后，我并没有停止学习保险。很多网友一直强调重疾险的额度最少要达到20W，而且要提前支付的，另外，保险费最好能够达到年收入的十分之一。所以，我就一直思考是不是需要再补充一部分的重疾险。所以我再次联系了两家保险公司的代理。然后一个令人啼笑皆非的故事又开始了。

这次P公司的人来得挺快的，接到电话的第三天就过来跟我见面了。依然是之前跟我见过面的两位大姐。结果，哎……

两人都自称有十多年经验，刚到，我就开门见山，说我这次重点考虑你们公司和另外一个公司，两者比较后，我就会下决定。同时，我告诉她们，我还

买了R公司的产品。之后，她们介绍给我分红型的鑫盛。我当场就答复：分红型的费用太高，我目前承担不了，而且以前也跟你们沟通过了。然后这两位同志就说，我们也有定期的。然后给我看了她们另外一个客户的保单，该客户在移动营业厅工作，花了1.6K，保了80多万的定期寿险。我就说：这样的保单在我看来不科学。那两位同志很不高兴地问我：怎么不科学了？他的身价已经达到80W了。我指出了三点：1. 定期寿险保那么高，有这个必要吗？2. 如果是生病或者残疾呢？没有一点这方面的保障。3. 单一方面的身价高没有实际意义。因为风险多种多样。

那位所谓的高级主任马上反驳我：定期寿险是有残疾赔付的。她还给我看后面的什么残疾等级清单。我很清楚地告诉她：**按残疾等级赔付，这是针对残疾险的。你应该看定期寿险的赔付条件和范围**。我当下"刷刷刷"地把保单给她翻到前面的赔付条件：很清楚，定期寿险是不赔残疾的。当然有些定期寿险业赔付高残，但是显然，你们推荐给我的鑫盛并没有。

那个高级主任很恼火，告诉我：小熊啊，我跟你说，就跟你生病了要看医生一样，你买保险，没必要了解得这么清楚，交给我们专业的保险经理好了。我从业已经10年了，我给你的组合肯定是最好的。或许她作为一个从业十多年的专业代理，给的组合是很不错的，但是不适合我需求的保险组合，再好，我也不能要啊。况且，对于一个认为客户没必要了解保险的代理人，我真是无法给予认同。

目前，我购买第二份重疾险的计划因为工作调动等原因搁浅了。我打算继续在网上学习，在今年生日前再针对性地补充一点保险。

专家点评：

故事中主人公的经历相信很多人都有，中国的保险营销员（曾称作保险代理人，下同）相对来说鱼龙混杂、参差不齐。像小熊这样认真研究和钻研的人还真不多，大多数人都有被"忽悠"或者"误导"的经历。那究竟如何才能购

第5章 保险到底怎么买？

买到适合自己的保险呢？我来给大家一些购买攻略。

第一，保险一定要买，但是最好购买具有保障功能的保险，比如重疾、意外，但这些险种均属于消费型，没有任何现金价值。

第二，分红型的保险不建议购买，保障低，分红也不高。

第三，如果需要投资产品，个别保险公司推出的投连险也可以选择，比如泰康e理财B款进取型账户，目前净值13.3165，7年11倍收益，堪比公募基金的王牌华夏大盘精选。但是这样的产品毕竟是少数，大多数的投连险表现还是欠佳。所以本人不建议大家购买投连险，如果要兼顾投资需要，可以直接购买股票、基金等。

第四，选择保险产品时，一定要多选几家，虽然说大多数保险产品都是同质的，但是可以从服务的保险营销员、提供的额外附加服务、是否支持多家银行的转账等加以考虑。

总之，购买保险时，除了自己要下工夫学习相关的知识外，找到一个好的保险营销员也是非常重要的。除了看他/她本身的专业、经验之外，是否诚信也是更重要的。

点评专家：韩莹 东方华尔国家理财规划师

职业导游告诉你
如何买旅游险

昵称：且听风吟
年龄：而立未立
职业：导游
薪水：年薪5W

第5章 保险到底怎么买?

导游这个职业

2005年大学毕业以后，我一直没有找到合适的工作。后来在跟朋友聚会的时，听到朋友说导游是一个很好的职业，至少可以不花自己的钱就看遍各色风景。当时，我莫名地被这句话打动了，并由此萌发了考取导游证的念头。

当时，我的思维还只是停留在可以免门票观赏景点的诱惑中。后来，经过努力，我顺利考取了导游证。由于工作一直不称心，所以我就干脆跳槽到一家旅行社做导游。这份工作并不像外界想象的那么轻松和美好。导游的工作压力很大，经常带团各地游玩，不仅要让游客们玩得开心，更要保障游客们的安全。

自从我改行从事导游一职，老妈只要一逮到机会，就会对我做思想工作：女孩子最好选个坐办公室的工作，不要一天到晚老是要出门。现在车祸那么多，飞机坠毁的事故也时有发生，你每天都在外面坐车坐飞机，多不安全哪，还是换个工作吧。你不要嫌工资低，对于女孩子，安稳才是第一位的。可怜天下父母心，孩子出门在外，家长总是提心吊胆。但是，由于我自己实在很喜欢导游的工作性质，所以始终未能如老妈所愿，放弃这个职业，重新回到办公室工作。

老妈的心情可以理解，因为确实出门在外不但辛苦，而且看起来很危险，因为司机长途开车，很容易疲劳发生车祸，就算我们的司机眼观四方，耳听八方，也有可能遭遇"马路杀手"。而且坐轮船、坐飞机看起来也很可怕，更不要说经常爬山，坐过山车、缆车之类的了。可是，即使我们人在家中坐，祸事也可能从天而降；世界上没有任何一个地方是绝对安全的。

旅游保险是指被保险人在出行期间因遭受意外伤害事故而死亡，伤残或住院医疗等的保险赔偿。旅行可以分为国内游和出国游两类。一般而言，出国游的旅游险的购买情况相对比较积极，我估计是因为很多人语言不通，担心到国外出问题找不到人帮忙，所以购买境外旅游险比较踊跃。境外旅游险的保障项目很多，不仅包括常见的意外伤害、意外医疗费用补偿和紧急医疗救援，有些保险公司的产品还能提供旅行延误，损失和托运行李延误、损失的赔偿，有些甚至还能赔偿旅行票证损失，服务比较全面。境内游的旅游保险产品有比较

多的种类，但是保障范围无外乎意外事故、残疾、意外伤害医疗、境内紧急救援、公共交通意外等等。市场上还有一些针对非职业高风险运动，如攀岩、跳伞、潜水、滑雪、探险等运动的高风险运动保险，很有特色。

跟团怎么买旅游险

作为导游，经常在外面奔波，我们虽然不能完全排除风险，但是我们可以尽量保护自己不受伤害，把潜在的可能的风险降到最低，更可以在灾祸发生时，把损失降到最低点。基于此，旅游险是我保护自己、保护家人的首选。

写到这里，我得先声明一下：我不是保险公司的托儿，也不是在向大家推销旅游保险，因为旅游险的销售情况跟导游的收入一毛钱的关系都没有。我之所以在这里推荐旅游险，是因为作为一名导游，我接触过很多的实际案例。很多人在意外降临时，可以通过旅游险把自己的各项损失，特别是经济损失降到很低；但是，依然有很多人，在意外降临时，毫无招架之力，不仅伤身，更伤财。作为一名导游，我深深地感受到旅游险对于出门在外的朋友们的贴心保护。

一般而言，通过旅行社组团旅行的游客们，都有强制性旅行社责任险。除了强制性的旅行社责任险，还有以自愿为原则的旅游意外保险。往往很多游客会错误地认为强制性旅行社责任险可以覆盖我们旅行过程中的所有风险，有了责任险，我们就可以安心出门旅游了。事实并不是这个样子的。

旅行社责任险实行的原则是有责才赔，无责不赔。旅行社责任险只是覆盖了部分常见的旅游风险，比如由于旅行社责任而引起的意外事故、残疾、伤害医疗等在赔付范围内。有些不属于旅行团责任的意外事故引起的伤害损失等，不在旅行社责任险的保障范围内。特别是对于自然灾害，非旅行社原因所致的事故灾难造成客户的人身伤亡和财产损失，旅行社一般都不会赔付，不过旅行社一般会先垫付救治费用。同时，自由行组团形式或旅游行程安排外的自由活动时发生的意外事故，旅行社往往只承担部分责任。此外，在进行危险性较高的旅游活动中，或是游客在旅行中发生病痛，看门诊，住院的费用，均不在旅行社责任险的保障范围内。

第5章 保险到底怎么买？

我建议游客们在出行前，根据自己的行程安排和经济能力，事先购买适量足额的旅游意外伤害险。这类保险可以通过旅行社向保险公司购买，也可以直接向保险公司购买。在购买旅游险方面，其实很多游客对旅行社都有所误解。有好几次在带团的过程中，有游客向我打听旅行社的旅游保险，并且字里行间颇有抱怨旅行社对旅游保险讲解不当，甚至欺骗消费者的意思。其实，这是对旅行社的误解。因为旅行社只是在销售旅行服务时，顺带帮保险公司销售相关的保险产品，代为办理旅游意外险只是旅行社的额外服务。旅行社其实对保险所知甚少。所以接待人员在回答消费者的各类问题，或者在向消费者们讲解的过程中，难免出现一些差错，或者不恰当的解释。这完全是可以理解的，隔行如隔山嘛。

自驾游如何买旅游险？

最近几年，随着老百姓收入的增长，很多家庭都拥有了自己的私家车。由此，标榜低碳环保的自驾游和自助游开始风靡。其实，我个人很推崇这类的旅行方式。因为凡是跟过团旅游的人都知道，跟团旅游只是走马观花，对景色只能看个大概，导游的讲解也都是点到为止，更糟糕的是，旅行团的伙食很不好。所以，如果要想更好地欣赏风景，享受当地美食，自驾游和自助游是很好的选择。

选择此类旅行方式的朋友们千万要记得购买旅游意外险。自驾游或自助游可以选择一些保障内容比较全面的旅游意外险。保障的内容不仅应该包括常见的意外事故、残疾、意外伤害医疗等，还需要购买一些公共交通意外身故赔付和突发性疾病身故的赔付。除此之外，最好能够选择有境内紧急救援的保险产品，这样出行过程中，一旦发生意外或疾病，这部分的保险赔付可以解决医疗运送和送返的费用、当地丧葬费用、亲属前往处理后事或慰问探访的费用，以及境内住院垫付的费用。千万不要小看或忽视这一块的保障内容，因为一旦需要外地就医或安葬，这些零零碎碎的费用支出合起来也是很庞大的支出。

2009年的11月份下旬，有一件事在我们当地闹得沸沸扬扬。几个探险游爱好者通过一个旅行论坛的组织，到隔壁城市的四明山探险。我们社区的一个年轻小伙子作为当地的接待人，也参与了这个活动。一伙人驾车前往山区游玩，本来应该是一件很好的事情，可惜一直到第二天，那个小伙子都没能带人回来。他的家长报了案，警方马上派人上山搜救。好几天以后，才在深山里找到了他们的遗体。估计是因为他们贪看风景，所以专挑没人的小路，一直走到了深山里。虽然当时山下的气温还不是特别低，但是山上已经有积雪，而且少有人烟，导致这帮驴友在迷路的情况下，无法通过手机跟外界取得联系，又冷又饿，无一生还，一群年轻驴友就这样在深山里丢了性命。其他人的情况我无从得知，但是我们社区小伙子的父母就好像一下子老了好多岁。中国古语说：养儿防老。这老两口好不容易把儿子养到那么大，刚参加工作不到两年，可是儿子却在应该挥洒青春、孝顺父母的年纪匆匆离开了人世。雪上加霜的是，这个小伙子平时并没有购置任何寿险，也没有在出发去深山自驾游之前购买任何的旅行意外险。年迈的父母不仅要承受丧子之痛，负担儿子的丧葬费用，更是老无可依，悲催之极——儿子没了，更重要的是，儿子除了伤痛，留给二老的还有巨大的经济压力。其实，旅行意外险的售价很便宜，几块钱就有比较不错的保额。几块钱在我们平安时只是小事，但是却可以在我们发生意外需要帮助时发挥巨大的作用。保险——这样的杠杆对于我们的生活必不可少。

正是因为这件事，老妈开始更频繁地在我耳边念叨换工作的事情。每次我带团出去，老妈更是电话不断。儿行千里母担忧啊，这是母亲对孩子的心思。为人子女，我虽然不能事事顺从父母的心愿（因为母亲对旅行的担忧有点杞人忧天），但是，我有责任，也有义务把自己保护好，把未知的风险对我们的伤害降低到最低的程度。我购买了很多的保险来应对各种潜在的风险。我所购买的寿险、意外险和旅游险等能够确保我的父母即使失去我，依然可以过着相对小康的生活。当然，金钱并不是父母最想要的，他们最想要的永远都是儿女的平安。

单位组织的外出旅游怎么买保险？

还有一种旅行方式，很容易让游客们忽略保险，那就是单位组织的外出旅游。一些效益好的单位经常会组织员工外出旅游。这本是一件好事：员工们辛勤工作，单位是应该好好地犒劳下员工。

有时候好事也可能会变成坏事。表姐单位在今年年初的时候组织包车去外市旅行，一伙人兴高采烈地上车出发，结果垂头丧气地回来。因为在前往目的地的高速公路上，他们的旅行车在路上跟前车追尾，造成几人受轻伤，没受伤的都被组织回来了。当初单位组织旅行的时候，并没有给员工购买旅游意外险，结果路上就遭遇了追尾。虽然受伤的员工不需要自己付医药费，公司会承担所有的医药费，但是公司的损失又由谁来买单呢？如果当初给员工买了旅游意外险，公司就可以把这些风险和损失转移给保险公司了。

不同的旅游线路可能产生的风险也不完全一样。单位组织员工集体旅行时，可以根据具体的旅游线路购买不同的旅游保险，一般而言，需要覆盖意外事故和伤害，以及公共交通意外的风险，有需要的话，也可以购买针对高风险运动的保险。

出门旅行是为了开心，是为了享受生活。可是，伊春的空难、菲律宾的游客被劫事件等类似事故时有发生。难道我们就不再出门旅行了吗？当然不是。为这些未知的风险而放弃旅行活动是不合理的。但是，我们可以在旅行前，给自己购买合适的旅行意外险，这就相当于给自己穿上了盔甲。这绝不是"触自己霉头"，而是对我们自己的保护，对家人的关爱。既然旅行意外险能以极低的价格给我们的出行提供贴身周到的保护，我们又何乐而不为呢？当然，出游平安归来不用到旅游保险，那是最好的。

专家点评：

职业导游通过真实的案例和真实体会给读者们介绍了旅游险的必要性，文中对旅游险解释得很全面，包括了方方面面。

旅游保险可分为两种,一种是境内旅游险,也就是指在中国大陆内(港澳台除外)旅游的团体或个人进行投保的旅游险;另一种是境外旅游险,也就是指在除中国大陆以外旅游的团体或个人进行投保的旅游险。

一般的"旅游保险"的保障范围大致分为四部分:人身意外保障、医疗费用保障、个人财物保障、个人法律责任保障。

1. 人身意外保障:由于意外造成死亡或伤残而给予一笔预先约定的金额。

2. 医疗费用保障:在旅途中因意外而引致的医疗费用开支。完善的旅游保险应包括"国际医疗支援"服务,万一在外地发生严重事故,受保人可享用国际医疗队伍的服务;例如紧急医疗运送或送返原居地等。

3. 个人财物保障:保障在旅途中,财物因意外损毁或被盗窃所带来的经济损失。

4. 个人法律责任保障:在旅途中受保人因疏忽而导致第三者人身伤亡或财物损失而被追讨索偿的保障。

由于不同的保险公司发出的保单条款可能有异,因此保障范围可有不同。

读者在购买旅游险时应仔细阅读其条款,需要注意的是看免责条款和保障范围这一块,宁可多花点钱也要图个安心。因为旅游险比较便宜而且投保比较简单,大家可以在网上查些资料,有些保险公司网上也有销售,比较方便,足不出户就能选择自己所需要的产品。

点评专家:杜鹏 东方华尔国家理财规划师

第5章 保险到底怎么买？

意外无处不在，意外险那些事儿

昵称：哥特式素颜
年龄：84年MM
职业：外贸
薪水：年薪10W

193

2011年3月的某天，我正在办公室里上网逛论坛。以前跟我同一个办公室的一个小姑娘敲门进来，递给了我一个红色炸弹。尽管在心里默默地哀悼我那即将被剥削的荷包，出于礼貌，我还是以极大的热情跟小姑娘打听她的白马王子。女孩子一聊起自己的白马王子和对未来婚姻生活的憧憬，往往都是口若悬河，刹不住车的。

在女孩滔滔不绝地讲述了自己与白马王子认识以来的种种温馨甜蜜后，我又很俗套地问她打算未来如何和婆婆相处，毕竟所谓的把婆婆当自己的妈妈那般看待只是一个美丽的传说，因为婆婆永远不会像妈妈疼爱自己女儿那般地疼爱媳妇。（或许男士们永远都无法理解女生为什么会在婚前就如临大敌般地开始制定与婆婆相处的七十二法则，因为丈母娘对女婿都是越看越顺眼的，而婆婆对媳妇一般都是越看越挑剔的。）

不料，女孩一派轻松地说："哦，我没有这方面的烦恼，因为他的父母都已经不在了，我男朋友是他爷爷奶奶带大的。现在他爷爷奶奶都是快八十的老头老太太了，不会跟我一个小姑娘计较的，也没有能力管我们的闲事了。""哦，"我顺口就接下去，"那他爷爷奶奶倒是挺辛苦的。现在办个婚礼花费可不少，得好多万呢！你们婚礼办得简单点就行了，别太浪费了。"我节俭的本性开始发作，忍不住像唐僧念经一样开始念叨要节俭之类的话。女孩无所谓地撇撇嘴："一辈子就结一次婚，还能怎么个简单法呢！婚礼、酒席、烟酒、喜糖都是没办法省下来的。不过，他家在这方面的压力不大。他父母那会儿出事的时候，保险赔了好多钱呢。"

细细地问下来，才明白了事情的始末，不由得感叹白马王子父母和爷爷奶奶的聪明智慧。20多年前，大约在20世纪80年代的中期，白马王子出世了。当时他们全家也算是幸福的一家，三世同堂，好不开心。几年后，约莫是在90年代的头一两年，白马王子还只有六七岁时，父母去外地旅游，不幸遭遇车祸意外身亡，留下了年迈的爷爷奶奶和幼子。不幸中的万幸，父母当时参加的旅游团买了旅游险和意外险，而且自己也有一部分的寿险，所以赔付了一笔在当时看来比较可观的赔偿金。当年白马王子的爷爷奶奶虽然白发人送黑发人，内

第5章 保险到底怎么买?

心悲痛,但是因为儿子媳妇过世后留下的巨额赔偿金,所以经济上并没有陷入困境。老头老太太也是有智慧、很想得明白的人,考虑到自己只有微薄的退休金,而且年纪大了,没有能力出门上班赚钱,而孙子的成长教育费用却是与日俱增的,所以就很有眼光地用赔偿金和自己大半辈子的积蓄买了两套房子,用于出租——话说,当时的房价多便宜多人道呀!虽然当时的租金回报不高,但是好歹也是每月稳定的收入,再加上两老的退休金,白马王子也算是平安快乐地长大了。

这么多年过去了,现在看来,白马王子还是很幸运的。虽然他年幼失怙,但是因为他父母长辈的长远眼光,他并没有吃很多的苦。意外无处不在,谁都无法避免,关键是意外发生以后的生活该如何继续:那些被剩下的人是能够保持意外发生之前的生活水准,甚至生活得比以前更好;还是从此穷困潦倒,在伤心之余,还要为金钱伤神,在偶尔午夜梦回之时,还要抱怨那些弃自己而去的亲人留下自己在尘世吃苦受罪。

如果白马王子的父母没有购买保险,又或者保险的额度不足,那么他面临的又将是怎样的人生?老头老太太有能力把他教养得像现在这样好吗?老头老太太有能力供他上学吗?白马王子能够如愿娶得颜如玉吗?可能会有人说:小孩子总是会长大的,穷是穷点儿,总归饿不死;老婆也总是会有的,丑是丑点,总归吓不死。可是,难道抚养一个孩子成长的标准就是饿不死吗?我们总归要给孩子多一点再多一点的疼爱和关怀,无论是精神上还是物质上,毕竟仅仅满足孩子生存的要求已经严重落后于社会了。而且,我想,如果能够选择,哪个男人不想娶个年轻漂亮又有才学的女子呢?

我一直认同这样一句话:保险是一个人热爱家庭的表现,是一个人对家庭责任感的集中体现。我想,白马王子的父母亲肯定很爱自己的孩子和老父老母,因为他们会考虑万一没有了他们,家里的老弱要怎样生活。如果他们地下有知,看到年迈的父母和年幼的儿子在失去他们以后,依然可以过着相对富足安乐的生活,他们又该如何的欣慰呢?曾经在论坛上看到某个保险代理人发的帖子,大意是说他在向某位潜在客户推荐购买意外险的时候,客户问他为什么

要买意外险。代理答："因为生命无常,意外无处不在,所以我们需要防患于未然,万一有意外发生,也好给我们身后的人留下些财产,而不是烂摊子。"不料此君答曰:"意外发生,我自己都没命了,谁还管他们将来怎么生活呀?总归是没我什么事了的。"说这话的时候,他太太也在场。我无从揣测他太太当时内心的想法,但是就我个人而言,如果我未来的丈夫说出这样不负责任的话,一顿批判是免不了的,教育不好,说不定还会闹离婚呢。

关于意外,有些人从来不愿意提起,就好像意外这个话题是个瘟疫,不能提;他们错误地认为,只要不提意外,意外就不会发生在自己身上。这样的人的心态,很有点掩耳盗铃、讳疾忌医的意思。可惜的是,人生不如意事十之八九,更何况天有不测风云呢。有一些人固执地认为少出门或者选择相对安全的交通工具出行就行了。我有一个客户,他在东南亚有很多工厂,单是新加坡的一个工厂就是年产值1亿新加坡币,很是富有。他每次来我们工厂拜访,从来不要我们去上海机场接,他一直都是自己从上海坐火车到宁波来的,因为他觉得汽车出事故的几率太高了。可是,即使坐火车也是很有风险的,最近火车出轨的报道也是屡见不鲜。不要说出门在外有风险,单是家中坐,也有可能祸从天降。

所谓意外,当然是我们无法预料的,也是不由我们的意识控制的。生老病死非人力所能左右,特别是意外,总是在一刹那间来临,偶尔想起这些也会有心惊肉跳的感觉:眼睛一闭一睁,一天就过去了;可是眼睛一闭不睁,一辈子就这样过去了。这些我们都无法左右。但是我们可以享受当下,并在现世安稳时安排好意外来临时的退路,这样就可以不必在意外发生时手忙脚乱。我很小的时候第一次看见的死人,是村子里的一个男人,年龄比我父亲要大上几岁。农忙的时候,他拉着手拉车去田里拉收割好的稻子,一不小心就连人带车掉到河里淹死了。他是家中独子,过世后,留下的是一位悲痛欲绝的老母亲,年纪轻轻就要守寡的妻子,还有两个未成年的女儿。当地的习俗是棺材要在家里放好几天,做过道场以后,才能下葬的。我当时虽然年龄小,但是也跟着其他的孩子一起去看了他的棺材,也看了躺在棺材里的他。那时候我还不太明白死亡

第5章 保险到底怎么买?

是什么,但是他妻子的哭天喊地和他女儿哭到晕倒的小小身影深深地刻在了我的脑海里。在以后的很长一段时间里,我一听爸爸要下地干活,就会很紧张,就好像那里有老虎在等着要吃我爸爸似的。所以只要我爸爸去地里干活,不论天多黑,肚子有多饿,我都是不会吃饭的,我一定要等到他回来,才会跟他一块吃饭。现在回想起来,原来我从小就是一个缺乏安全感的孩子,我对意外这玩意儿有着根深蒂固的恐惧。

现在我长大了,而且成长为了一个思想相对比较开通的人。我现在已经能够很平静地思考万一我或家庭中的任何一员意外去世了,这个家庭会变得怎么样。伤心是难免的,但是日子还是要继续。意外发生以后,如何继续有尊严地活着才是重点。所以我能做的,就是在我的能力范围之内,配置一些意外险和意外残疾险。意外防不胜防,当我们对此无能为力的时候,我们所能做的就是在意外还没来临时,就做一些准备。曾经看到过一句话,觉得很是有理:保险就是在你还不需要的时候购买的。谁说不是呢?当你需要保险的时候,估计保险公司也已经不想接你这个客户了。

也有很多人因为费用的关系选择不买保险,理由是吃饭尚且有问题,哪还来的闲钱买意外险呢?对此,我是持反对意见的。正是因为没有很多钱,我们才需要买保险,特别是意外险。因为意外险的保障费用很低,一张卡折式的10W意外死亡保额,1W意外医疗保额的保单,一年也只需交款280元左右。这还算是比较贵的那种了。平均算下来,一天不到1元钱的投入,却可以在意外降临时,给我们提供巨大的帮助。所以,问题的关键不是有没有钱买保险,而是有没有这个意愿为自己、为家庭做一些长远的打算。

在我认识的人当中,也有那些认为意外离自己很远,所以无须保险的人。2009年公司安排我和首席工程师去南非出差。在办理签证的时候,签证处并不强制我们购买保险。我觉得很奇怪,因为我之前办欧美地区的签证时,都会强制我们购买保险,否则不予办理签证。所以,我特意去服务窗口咨询了一下,原来去南非的旅游保险是自愿购买,没有强制性要求的。我一直都是个很有忧患意识的孩子,所以我交了钱,购买了境外险。等我回到单位去报销的时候,

那个首席工程师居然特意找我问了保险的事情，因为她觉得不用买保险了，太浪费，偶尔出去一趟，哪里就有那么烂的运气会出事呢？我当时真有点哭笑不得的感觉，谁又能肯定自己的运气永远都那么好，永远都会远离意外呢？那些死于空难的人，谁又会想到自己的运气居然能背到那样的程度呢！

其实，在今年年初的时候，我曾经享受过一次意外险的赔付。说起来有点丢脸，那会天还很冷，所以穿了双棉鞋，还是双脚后跟都快磨穿了的很旧很旧的棉鞋。去上厕所的时候，地上有点水，棉鞋的脚后跟打滑，一下子就摔在了地上。也没什么大事，就是痛，痛得面部表情都是扭曲的，也担心伤到骨头，所以就去医院做了些检查，配了点药酒。当时也没反应过来这也算意外险的赔付范围了。隔了好几天才缓过劲来，打了个电话问我的保险代理人，原来这也是可以赔的。当时还得意了好多天。当然，对于保险，最好的结果就是奉献给保险公司，他们赚钱，而我们平平安安、无病无灾地过日子。

所以千万不要事到临头才想着去买保险，因为保险这玩意儿就得在你觉得还不需要的时候购买，特别是意外险。毕竟，生病的话，还有个过程。但是，意外都是一眨眼间的事情，无法预料，但是往往后果也最是让人伤痛。而且，如果买了保险，可千万别想着我这钱是打了水漂了，因为一旦我们的保险可以赔付时，往往也是我们生活很痛苦的时候。所以，还是安安心心地把保险费贡献给保险公司吧，无病无灾地生活最好！

专家点评：

无处不在的意外，作者通过身边的故事解读了保险的真正含义，就如胡适所说的："保险的意义只是今天作明天的准备；生时作死时的准备；父母作儿女的准备；儿女幼时作儿女长大的准备；如此而已。今天预备明天，这是真稳健；生时预备死时，这是真豁达；父母预备儿女，这是真慈爱。能做到这三步的人，才能算作是现代人。"

我们都知道，未来充满着变数，没有人能准确预知自己将来会发生什么。

第5章 保险到底怎么买？

有些人一觉醒来便一贫如洗，有些人一出家门就生离死别。往往这样一些意外就能使一个原本幸福的家庭或一个原本兴旺的企业陷入困顿之中。中国有句古话："人无远虑，必有近忧"，而保险就是一种未雨绸缪的智慧，是化解未来可能发生风险的有力手段，能使人们明天的生活免受剧烈波动的困扰。

本文所说的故事再现实不过了，意外无处不在，借用《让子弹飞》里一句经典台词"你带着老婆，出了城，吃着火锅还唱着歌，突然就被麻匪劫了……"这就是意外。

文中也提到了买些什么样的意外险，笔者与作者同样认为卡折式意外险是一个非常好的选择，目前市场上的卡折式意外险都差不多，而且价钱也比单独的购买意外险合适很多。如今市场正在流行网购团购，有些大型保险公司也进入这一领域，而且优惠和折扣也不少，对于那些想花小钱来买大保障的人群提供了选择。

再有在选择意外险时也要有些注意，一定要分清意外伤害保险和意外伤害医疗保险。一般意外伤害保险只有死亡责任和伤残责任，比如猫抓了、狗咬了、普通摔伤是不保的；意外伤害医疗保险就解决了上述问题，一些门诊医疗费用也能够报销。

建议以组合形式购买意外险，这样才能得到全面的保障。卡折式意外险一般都是组合式的意外险，但个别的也有例外，读者在购买时一定要仔细阅读其条款和免责条款。

点评专家：杜鹏 东方华尔国家理财规划师

第6章

理好婚姻这份财

巴菲特说：结婚才是人生最大的投资，我年轻的时候曾与我们州最漂亮的女孩约会，但最后没有成功。我听说她后来离过三次婚，如果我们当时真在一起，我都无法想象未来会怎么样。所以，其实你人生中最重要的决定是跟什么人结婚，在选择伴侣上如果你错了，将让你损失很多，而且，损失不仅仅是金钱上的。

电台DJ一家的幸福理财生活

昵称：DJ小强

年龄：当爹已经5年了

职业：电台DJ

薪水：10k，外财5k，月入：15k

荣升,当爹了

结婚时候的幸福甜蜜的歌曲还没有唱完,还依然"坐着摇椅慢慢聊",就突然一声霹雳响,来了儿子白胖胖的,我和老婆就义不容辞地光荣上岗,职称一栏赫然写着:父亲、母亲,于是,我,当爹了!

当爹意味着责任,责任意味着抚养,抚养意味着生存、生活,这些统统意味着:钱!钱!钱!

我在一家娱乐公司上班,负责制作电台节目,平时的工作就是录音、配音,在日本形容我这工作的专门有一词叫"声优",听着别扭,看着洋气,单位里一个月给我一万块钱的工资;因为播出的节目在社会上有些影响力,所以我在业内也是小有名气,时不常地还会接到一些社会邀请,比如给某单位广告配个音啊、主持个商业活动啊等等,基本上每个月的外财在5000左右,一个月收入连工资在内有15000,在北京这个挣多少钱都不觉得多的城市里,我这点工资基本上也就是可以满足自给自足的生活水准,不铺张不浪费,冻不着饿不死。老婆在一家化妆品公司做理货员,负责几个卖场的供货提货,月薪跟我不相上下。可惜我俩都不会理财,从来没有考虑过怎么攒钱,所以收入虽然不低,却双双迈入了"月光族"。

某一天,事情出现了转折。那天老婆一早醒来,双眼含情地跟我说:"老公,我有了。"她用力地摇着我迷迷糊糊的脑袋,"我有你们老李家的后了!"

我一下子就醒了,除了是真的被晃醒以外,我很震惊的是,我竟然真的当爹了!

我赶紧起床,把N年前买回来就没用过的计算器翻出来,拆开包装,拿出纸和笔开始加减乘除我们的未来生活——以后家里要多一口人了,像我俩这样过日子,钱肯定不够花,一定要算计一下怎么花钱了。孩子可是个"吃钱机器"啊,我和老婆定出一个基本原则:以后,一定要多挣少花,把钱用在"刀刃"上。

开源节流，多挣少花

要想有钱，就得"开源节流"两手抓。转眼儿子就出生了。从老婆怀孕开始，我的工作小马达就一天也没有休过，一直奔跑在挣钱的康庄大道上。各种商业活动我都开始接，还像模像样地做起了婚礼司仪，兼职的收入从原来的5K开始直线上升，直逼我的工资水平。

"开源"我做到了，可是怎么"节流"呢？省钱我真不太行啊。不过古人有言："千里之行，始于足下。"既然老话都这么说，那我就先从这足下开始省钱。我的意思并不是说以后不穿鞋了，省买鞋的钱，嘿嘿，咱们要领会精神嘛——先从出行开始省钱。

我住在四惠附近，到国贸附近的单位，来回有半个多小时的路程。我多年以前就养成了个懒散习惯，出门必打车。虽然说首都的交通时刻考验着我的钱包，生气时我还写过对联："人多车少太阳大，表快灯慢骂声高。横批：快点的吧！"但每次出来，还是会习惯性地伸手拦车。但在家庭目前的形势下，我必须要省钱，所以就必须要调整对策，我就必须不能天天打车上班了。于是我选择跟广大上班族一起，坐地铁和公交上班。地铁一号线虽然挤得有点变态，有时候恨不能把人挤成易拉宝直接贴车玻璃上，但至少省钱啊——单程才2元。出地铁口再倒一次公交，月票每次4毛，单程2.4元，然后下车后步行一小段就到了单位。

我坚持了一个月，路上一共耗费了100元多点，这基本上相当于过去我一天上下班打车的交通费用，虽说来回倒车费了点力气，可省下来的却是白花花的银子啊，真的很有成就感。

可是钱虽然省下来了，问题也随之而来——原来半小时能到单位，现在得一个多小时才行，在路上耗费的时间几乎是过去的2倍。每天得早早起床，还得匆忙地跑到单位打卡，时间这东西总是不以人的意志为转移，这个月我迟到了2次，按照公司规定，第一次扣罚200块钱，第二次扣400——得，我一个月辛苦挤公交赶地铁加跑步省下来的大把票子全给了我们公司的会计。我那个恨啊，为什么好事总不能成双呢？

可是,机会总是眷顾我这种有心的人,正所谓"正愁午饭该咋着,天上掉下个黏豆包"。有一天,大雨倾盆,想到打卡机没有阴晴圆缺的概念,为了不被扣掉200块,我义无反顾地在雨中狂奔。到小区门口时,前面一辆polo里探出个人头冲我喊:"大哥,帮忙把前面的自行车挪一下吧。"我顺手把倒在路中间堵住出口的自行车搬开了,那位司机招呼我上车,说要捎我一段,一问才知方向一致:国贸。

我俩都笑起来,他建议说:"既然咱俩方向一致,以后7:30,咱俩准时小区门口见面,搭我车。"我还有点不好意思,人家车烧的是油,又不是水,那都是钱,怎么好意思白搭?那位兄弟看出我的心思,哈哈一乐:"大哥,您还真把我当活雷锋了,我说的是拼车,要收钱的,懂不?"

于是,没车的我,从此不仅有了专车,还有了私人司机,每月不用供车,只要给司机开不到300元的工资,平均下来也就是每天十块钱,他负责我的来回,直接从家门口接上我,把我送到单位楼下。后来因为一些急事需要用车时,那位兄弟也是义不容辞。相处也有秘方,一定要亲兄弟明算账。从拼车以后,钱花得不多,仅仅相当于一次迟到扣罚的钱,就让上班的路上变得轻松、游刃有余了。

上个幼儿园怎么这么费事?

孩子慢慢大了,转眼四岁了。用我妈的话说:"干什么活都不好看出成绩来,唯有养孩子,那是一天一点成就感啊。"成就感我有了,可是压力更大了。在北京这个人挤人人挨人的地方,找个合适的学校那真是太难了。以前从电视上看到有报道说为了让孩子上幼儿园,有的家长提前三天就在幼儿园门口排队,我还挺不理解,心说至于的嘛,但事到头上才知道什么叫蜀道难啊。

给孩子选幼儿园我和老婆商量,有两个选择,一是我单位幼儿园,一个月1500元,便宜但是教学质量差一些;二是我家附近的幼儿园,公办的,一月下来得2200元,稍贵但是教学质量好。最后权衡一下还是以经济建设为中心,能省则省,一个月差出去700块钱,也不多不少是个钱啊,况且小孩能学多少?

第6章 理好婚姻这份财

有地方玩儿就行了。而且找一个距离单位近的，就可以跟孩子一起起床，把孩子送到单位附近的幼儿园，然后上班，下班后接上孩子回家。所以首选就是我们单位的幼儿园，打定主意就开始联系，谁知道也是如此不顺。本以为身为单位职工把孩子送到单位幼儿园那就是一句话的事儿，谁料一个电话打过去人家说已经招满了。发觉不妙，拿着工作证跑到幼儿园找到园长，一番唇枪舌剑还是被婉拒了，理由是的确招满了。回到单位听同事说确实人很多。东山不行掉头奔西山，赶紧又电话联系离家最近的那家公办幼儿园，岂料得到的回答是："孩子超龄了，我们不收了。"撂下电话，突觉天旋地转，心想把孩子上学给耽误的话我是该当何罪啊！没准儿子将来是一个伟大的科学家、伟大的音乐家、伟大的雕塑家、伟大的文学家、伟大的房地产商、伟大的……一切伟大皆有可能，可都毁在我的手里了。

事已至此，马上召开家庭会议，老婆被我从挣钱的第一线揪回来，进门就给了我一通还我漂漂拳。等我把问题一讲，她立马作出指示：攻下后者。因为前者满员没有余地，后者因为年龄问题容易解决。于是她给了我锦囊妙计，我一扫阴霾，雄赳赳气昂昂地走进这家公办幼儿园的大门。

直接找到园长，动之以情晓之以理，把在学校进修的表演课的课程一个没落全部上阵，最后还是一句话打动了她，我说："以后学校要是需要什么宣传报道的，找我就行。"有了这个保证，她动心了。然后跟我说："咱们学校暑假有个亲子课，你是不是考虑跟孩子一起上？上了亲子课，到时候上学就是自然而然的事情了。"

我了解她的意思，也不多问，只问："多少钱？"

"4600。"她也有点不好意思。为了孩子，我斩钉截铁地说："上！"

谁来带孩子？

要上幼儿园了，问题又来了，谁来接送孩子？老婆生完孩子以后，曾经休产假当了三个月的全职太太，她本以为"全职太太"是多少女人梦寐以求的职业，一定会舒服得让人堕落，但是三个月的产假没歇完，她就忍不住要出去抢钱了。她说:"我看着你一个人往家里抠拔那点钱,我那个急啊!"

可老婆要工作,孩子谁负责?我们第一时间考虑请一个保姆。在北京这人才济济的地方,请个放心的保姆却不那么容易,我们通过朋友介绍,也经过了海选、初试、复试、决赛,最后终于请了一位比较满意的,月薪4000,负责卫生、做饭、带孩子,这样,就把我老婆这棵摇钱树解放了,她每月12000的工资,付完保姆费,还能剩下8000元,这无疑是我家一个大的进项了。老婆说:"虽然我一个月12000,但是你的账上得给我算上20000。你得感谢我的母乳啊,你知道不让孩子吃奶粉能给你省多少钱吗?"看着老婆得意的表情,我也只有配合着点头的份儿了。

孩子小的时候,回家探望父母的时间变少了,我俩每个月都会给双方父母寄点钱聊表寸心。其实父母不缺钱,缺的是我们承欢膝下的温情,这个问题也一直盘亘在我和老婆的心头。有一天老婆神秘地跟我说,"我想到了一个两全其美一箭三雕的主意。"这家伙,兴奋得把数都弄乱了。"孩子的爷爷奶奶今天打电话,说特别想孙子,我向他们发出了隆重的邀请,下周就到。"

我配合着做出满脸惊喜的表情:"啊?真的啊,你们都秘密协定了才通知我!"老婆说:"爸妈要是来了,就别走了,我想多陪陪他们。"我打趣道:"媳妇,您直接说馅吧,这皮儿太厚了。你有什么'诡计'就直说吧!"

经典的好戏上场了,媳妇做出的计划是:我们双方父母轮流过来居住,一可以守着孙子,二我们夫妻俩也可以表表孝敬之心,三最关键,孩子上幼儿园了,来回接送,保姆费再加上小餐桌的费用,近5000块的费用都可以省去,5000啊,可真不少呢!

父母第二天就举家前来了。事情正按着老婆的计划顺利进行着。我和老婆一个月25000的收入,除去住房3000、交通600、孩子幼儿园日常开销2000、父母1000、日用2000,就再没有其他的人为支出了,账户上开始出现了存款:每月10000元!这可是我们以前没想到的数字!

我俩依然是过去的工作,依然是过去的收入,可是有了孩子,花销更大之后,居然出现了前所未有的存款,看来古人说得没错,正所谓"吃不穷、穿不穷，算计不到才受穷"。

把钱借出去赚钱

有了这将近两年的经济账，我们也逐渐摸索出了一套自家实用的经济规律，也开始让经济规律干预市场了。

理财，无非四个字"开源节流"，这两年我们其实主要做的还是"节流"的工作，且小有斩获，接下来就应该做"开源"的事情了，也就是如何让"钱生钱"。股票、基金都不懂，对于我们这底子薄基础差的家庭来讲不敢冒险，所以继续寻找生钱之道。

老婆的一个前同事来电，弯弯绕讲了半天，说她们的担保公司，我一个字没听懂，干脆直截了当地问："你就说吧，给你一万，一个月你能给我多少钱？"

"200块！"

10000一个月返200？那就是年回报24%啊！

"合法吗？"对于好事我总是谨慎和紧张。得到肯定答复之后，我们也不敢大意，最害怕的就是"辛辛苦苦几十年，一夜回到解放前。"所以先投了20000试水，一年以来，每个月25号，400块钱准到账，比工资还准。于是我们一鼓作气，投了10万，每个月25号去趟银行查查帐，成了我们生活的重要组成部分。

这每月的2000块，成了我儿子上幼儿园的费用支出来源了，心里自然多了安全感和稳定感。

回头想想这几年自己的理财之路，我感觉到其实在很多时候，跟钱打交道，真是会其乐无穷，只不过我的级别不够，只是小打小闹，真想有机会跟理财专家好好学学，怎么样才能让钱真正地"活"起来，让"钱生钱"，创造出更多的收益，我就真正满足了！

专家点评：

这位当爹的DJ明白最简单的理财原理：开源节流。其实在北京，生活成

本相对并不高，吃饭可以选择好吃不贵的饭馆，甚至还可以团购；不开车不打车，公交地铁都很发达，去哪都能到，当然你也可以跟本文中主人公一样，拼车；买衣服可以去商场也可以去动物园批发；除了居住成本高一些，生活成本还真算过得去。

开源节流，最难的就是开源了，毕竟找到一些收入尚可的兼职实属不易。除了靠自己勤劳的双手外，更重要的是能够借用一些理财工具，让钱来生钱。这位DJ小强选取了担保公司的贷款类产品，对于该产品的细节我们暂时无从得知，小额贷款公司高利息借钱这样的案例很多，他们主要是用于贷款给融资难的中小企业。因为贷款公司从银行带出来钱其实不容易，所以选择了向社会高利息借贷的方式融资。正如文中主人翁提到的借出去10万就每月有2000的利息，投资收益非常高。但是风险也是成比例的，新闻也经常报道不少这样的公司融资后人间蒸发的事情。需要提醒大家的是：选借贷类产品一定要选择正规金融机构发的产品，民间借贷的风险较大，一不小心有可能掉进非法融资的陷阱，千万不要被高息回报蒙蔽了眼睛，如果给你的回报率高于银行贷款利率的4倍，那就要千万小心了。

点评专家：韩莹 东方华尔国家理财规划师

第6章 理好婚姻这份财

怀孕后的理财经

昵称：流浪漂泊者
年龄：29
职业：采购
薪水：月薪6000+

80后的我们虽然还没有2够,但是已经不可挽回的集体奔3了,从现在开始的每一天我们都应该非常的开心,因为这一天将是往后漫长的几十年中最年轻的一天了。

80后的我们都陆续成家立业,还没有嫁娶的已经被冠上剩男剩女的名号,嫁出去的开始生儿育女。怀孕是人生的一件大事,很幸运的是我也已经是一位准妈妈了,每天宝宝在肚子里会踢我,我会主动与他说话交流,这是一件很幸福的事情,但是,在怀孕期间也有许多不适、很辛苦,只有做过妈妈的人才能体会到其中的艰辛。

我一直喜欢理财,对于这个还未出世的宝宝,已经为他作好了各项准备,当然在整个孕期,孕妈咪也得给自己添置一些妈咪用品,如何能既挑选到便宜实惠的宝贝,又能节省开支,我想是许多准妈妈们关心的话题。下面分享我的育儿理财规划,希望能对准妈妈们有所帮助。准备怀孕之前,首先要准备好备用金,因为添置母婴用品,每次的产检,孕期及产后的营养补充都需要用钱。

孕妇用品方面:担心有些护肤品对胎儿有影响,购买了孕妇专用的防晒霜29.8元;孕妇专用的润肤乳85元;防止妊娠纹,购买了橄榄油78元;还不包括孕妇装和平底鞋的费用。产检方面:由于我不是本地户口,要回户口所在地办理一些证件,LG跑了三四趟,来回的路费都要两三百,由于未办理好相关手续,在3个月的时候我没有去社区医院建小卡,后来身体意外不好,去医院又是好几百;17周时去医院建大卡,也就是第一次产检,花费1300元;现在是每月产检一次,第二次产检花费286元,第三次产检花费66元,以后还有更多的产检费用,在21周的时候终于补办了小卡;还不包括每次去医院的交通费。补品方面:上次去听孕妇课时,LG忍不住买了两罐孕妇奶粉,花费360元。

这部分钱可以一部分存银行活期,另一部分选择购买货币基金,因为货币基金免申购、赎回费,变现的时间短,通常1~2个工作日就能到账。

我和LG准备要宝宝的时候,就开始吃叶酸片。结婚领证的时候,送了6盒小粒装的叶酸片,这就派上了用场,省到的就是赚到的。

等今年春节之后,我发现自己怀孕了,这对新婚的我们来说是最好的消息。不过也稍微让我们有点担心，怕准备得不够，怕不能给宝宝最好的东西，于是知道怀孕的消息后我和LG都更加努力地赚钱和理财。

准妈妈的开源方法

宝宝的基金定投：从今年2月份起，我就给宝宝定投了一份基金，每月300元，定投3年。每月300元对我们的家庭而言，丝毫没有影响，少在外面吃一顿饭就回来了。而我选择3年的期限是因为那个时候宝宝差不多要准备上幼儿园了。虽然投入得不多，只有1万多元，但是至少在那个时候若有什么意外情况，也能缓解下燃眉之急，也就是所谓的未雨绸缪。

坚持打理淘宝店铺赚外快：在怀孕之前，我就兼职经营着一个淘宝店铺，2008年开业至今也2年多了。对于我这样的小卖家，操的是卖白粉的心，赚的是白菜价。得知怀孕后，我依然坚持开店，只是不像以前那样随时都挂在网上，现在一般只在工作的时候挂旺旺，有顾客询问购买就发货。虽然每个月赚得不多，可至少能补贴家用，例如像3月份销售额517元，4月份销售额604元。

继续兼职英语翻译：工作后我想到的最适合我的兼职就是翻译。功夫不负有心人，经过我的摸索、努力，终于找到了兼职翻译工作，而且客户包括公司和个人。在怀孕后，LG让我推掉所有的翻译活，但是我想想现在我身体还很好，有些简单的活我还是接了，我想一方面能增强我的翻译能力，另一方面还有经济收入，只是那些任务重、时间紧迫的活被我推掉了。

利用写作爱好投稿赚奶粉钱：从毕业之后，我就喜欢泡理财论坛，从新手变成了论坛版主，在无形中锻炼了我的写作能力，慢慢地我喜欢去投稿，特别是怀孕之后在家休假时，想着一方面在家无聊，另一方面还可以为宝宝赚奶粉钱，更是增加了我的动力。于是，我参加MSN的"你写稿，我出书"活动，通过自己的努力，稿子终于得到出版社的认可，拿到我的稿费，可以补贴奶粉钱。

计划写本关于自己的书送给宝宝：从去年开始我就在写关于自己的书，当我得知自己怀孕之后，就更想早点完成，等宝宝出生后会识字了，可以赠送给他当做一份精神礼物。如今，我会不间断地写孕妈咪日记，记录整个孕期的过

程，我愿意更多地留下美好的东西，而尽量不去记那些不开心的事情，因为只有这样，我们才能活得更开心。而这些记录或许就是我所写的书需要的素材。而写书，不仅能实现我的作家愿望，还能带给我实际的经济收益，而这本书却是送给宝宝的最好礼物，现在只希望宝宝能健康、快乐地出生。

当然，准妈妈的最主要的理财方法已经不是开源了。因为要注意休息，所以太费体力和脑力的赚钱方法就不适合准妈妈了哦，我能推荐的更多方法就是节流。

准妈妈的节流方法

1. 二手、自己动手、拿来主义最省钱

我们都是在外地，能从哥哥姐姐那里拿的东西不多。LG打算从网上二手市场购买一些婴儿用品，像婴儿车、婴儿床等，这些价格从三四百到上千元都有，一点都不便宜。而现在大多数家庭只能生一个孩子，这些物品大多数也就是"一次性消耗品"，买个二手的也就一两百元。

像婴儿需要用的尿布这些，我妈妈打算用我们家的旧棉布自己做，既省钱又不伤害宝宝的皮肤，用着也舒服。关于婴儿的小衣服，可能妈妈会在老家跟身边的亲戚朋友借。因为小孩长得很快，加上宝宝出生后很多亲友都会送衣服，新衣服可能来不及穿就已经穿不下了，另外别的小孩穿过的旧衣服比新买的衣服更加安全，拿回来只要洗干净就可以直接穿，循环利用旧物支持低碳生活。

2. 选择价廉物美的实体店

随着肚子一天天大起来，以前的衣物都不能穿了，当然，有些护肤品也不能用了。于是，不得不给自己采购一些合适的物品。

有些商品我喜欢在正规的商场里或正品实体店购买，例如一些大件的，一定要保证质量的和入口的东西我就在实体超市或者母婴之家买的，特别是厂家搞活动时候，算下来很划算的，质量有保证、安全放心、不会有假货，加入成为会员之后可以送积分，以后积分还可以享受优惠活动。而有的商品我却喜欢在地摊、外贸小店里购买，像打底裤等，不一定全都买品牌的，只要穿着舒服

第6章 理好婚姻这份财

就好，这些店里的商品价格也不贵，大都在100元之内。

关键是要有一双慧眼，去识别好货，在实体店里购物，可以亲眼见到实物，但是对于大肚婆而言，经常出门逛街也不方便，所以快捷、便利的网上购物也成为我的一种购物方式，而且往往它会带给我更多的经济实惠，以及精神上的快乐。

3. 网购省钱又省力

我在网上的主要购物渠道是这些：

品牌官网：前面提到的母婴之家实体店，它们有自己的官网，可以通过网上直接下单，我所在地在它们的送货范围之内，只要购物金额达到50元以上就免邮费，我在网上激活我的账号之后，在实体店购物的积分会自动保存，通过网络就可以查到。网站上有显示各种促销活动，需要什么产品可以直接下单，像我买到心仪的商品后，获得了相应的积分以及丰厚的赠品。

淘宝：众所周知的淘宝网可以满足我的购物需求。一般而言，我会通过价格和地域筛选找到物美价廉的妈咪用品。怎么挑选呢？输入宝贝名称之后，价格选择由低到高排列，再选择地域范围，然后会自动排序显示适合的网上店铺。点击宝贝详情，通常我会再看看买家的评价，通过这些可以了解到这件宝贝是否值得购买。

淘宝商城：在我看来，淘宝商城的用品比较货真价实，一般都是大的商家入驻的，由于减少了许多中间环节，相对而言价格还是比较实惠的。很多时候购物之后都会送积分，这些积分在以后购物时可以当钱使用。

每天的聚划算及团购活动：这是厂家利用某件低价产品招揽顾客，从而推广店铺的一种手段。但是，对于买家而言，可以享受到具体的实惠。唯一的缺陷是由于购买的人较多，发货速度比平时要稍微慢点。

返利网：有些卖家设置了购物返利，我通过"淘宝客"上自己的购物链接进入采购我所需要的妈咪用品，交易成功之后，可以自动得到一定金额的返利。类似的返利网还有易购网等。有些店铺可以用使用现金加淘金币的方式购买我所需要的妈咪用品，这些淘金币就相当于抵扣了现金。

准妈妈的交友方法：多上论坛交流

除了实体店和网购之外，我还积极参加网上论坛活动，获得了免费的母婴用品等商品。

例如我参加育儿网站上的征文活动，获得了一把漂亮的晴雨伞；参加论坛上的闯关活动，获得了海藻油及育儿书籍等。网上有很多育儿论坛和准妈妈论坛，上面会提供很多从怀孕到生产期间所需要的实用信息，准妈妈们不妨多从中取经。

一次偶然的机会，我在一个育儿论坛上看到了一位妈妈写的实用帖，这个帖子的主人声称，自己将带儿子过程中使用各类婴儿用品的心得跟各位妈妈分享，"希望可帮各位妈妈省一点银子，避免像我当年一样买上一堆无用的用品"。我看到，该帖子俨然是一部"婴儿用品点评手册"，从婴儿服、奶瓶、奶粉、童车、尿裤到婴儿床上用品、护牙用品等都囊括其中。比如，该帖子对目前市面上出售的各种品牌的纸尿裤都逐一作了点评，细致到哪一款裤型设计有问题会发生侧漏，哪一款吸水性不够强，等等。幸好能及早看到这个超强的"技术帖"，估计起码可以节省下几千块。

成为准妈妈之后，自然会去关注一些育儿的信息，网络、书本都是很好的获取这些知识的途径。原本打算多买一些育儿书籍的计划也取消了，因为网上有许多免费的网络资源，去育儿论坛网站，上面有许多妈咪的育儿经验分享、胎教音乐、童话故事什么都有。

有免费的资源我们为什么不利用呢？这也就是所谓的节流。

对于宝宝的理财规划，我不得不给大家推荐一本理财书《小狗钱钱》，准妈妈们或者妈妈们都可以先阅读，树立起良好的理财意识；而这本书写得通俗易懂，等宝宝长大了，可以念给他听，因为它是以讲故事的形式来教导大家如何培养理财观念。

总之，在你打算要宝宝之前，最好能有一个理财规划。从怀孕到分娩再到抚养这整个过程都是需要花钱的，所以我们只能充分利用有限的资源来实现理财目标，让我们的生活过得游刃有余、幸福而美满。

TIPS：

我常逛的母婴论坛网站包括：YY育儿网（这是一个最权威、信息面最广的准妈妈们、妈妈们的交流网站）、妈咪宝贝网站。

推荐的育儿杂志有：《优生宝宝》《完美妈咪》。

专家点评：

本案例中的准妈妈具有生活理财达人的特质，日常积累了大量经验，并实时更新观念，非常难得。在开源节流方面做了很多尝试和努力，成绩是值得肯定的。但从子女教育规划的专业角度看，我认为该准妈妈的配置稍显局限单一，可以做一些完善的调整。

本案例看似是准妈妈为了孩子在出生前到读幼儿园的短期规划，实际上还是隶属于子女教育规划的大范畴。而子女教育规划具有储备周期较长、需求刚性、费用昂贵的特点。规划应以稳健为主，兼顾安全和收益。投资渠道应多元化，配置长、中、短期不同产品。案例中只配置一只基金定投并不能规避系统性风险，满足规划需求，额度也偏低。

随着我国教育体制的改革，子女教育成为普遍的社会问题。在子女成长过程中家庭需要负担大量的教育经费，主要支出由教育金和抚育金组成，但在望子成龙的期望和"金宝贝早教""双语培养"等名词充斥的今天，子女教育规划的整体目标和最终的完成进度往往是因人而异的。建议准妈妈根据现有的家庭资产、收支状况、未来的支出需求作较全面规划。

我们建议，准妈妈适度增加投入额度，考虑通胀因素，多元化配置绩优蓝筹股、平衡型基金定投、固定收益债券等，建议股票投资比例控制在总投资金额的40%以下，其余部分比例可根据个人风险喜好加以调整，以求完备充足储备宝宝的抚育金和教育金。

点评专家：陈巍 东方华尔学员 国家高级理财规划师
上海诺亚投资管理有限公司北京分公司理财师

白领理财日记 2

离婚让他们财气大伤

昵称：小熊钱钱
年龄：29
职业：外贸业务员
薪水：年薪6W

第6章 理好婚姻这份财

胖子老板

2008年11月份刚进入新单位报到,就很荣幸地被前辈们打预防针:"小熊呀,你以后跟这个澳洲客户的订单,心理素质一定要过关,要不然很容易神经衰弱的。因为这个客户的脾气不是一般的暴躁,动不动就是一顿劈头盖脸的臭骂和投诉。"有那么恐怖吗?我暗暗地祈祷:但愿这些关于恶魔客户的一切都只是一个传说。

很不幸,老天爷并没有听到我的祈求,澳洲老板果然是一个恐怖之极的老头。他不仅对价格锱铢必较,对海运费和集装箱利用率也是斤斤计较;做对事情一顿小骂,做错事情则是一场大骂,搞得我一天到晚都紧张兮兮的。LUCKY的是,本人虽然外表看起来比较柔弱,内心还是足够强大威武滴,经受住了一次又一次的暴风雨考验。

吃过几次亏以后,我一般都能做到提前预防被投诉,总之相同的错误肯定不会在我身上出现第二次;当然,没犯过的新错误,也是要尽量避免的。久而久之,澳洲老板开始信任我,并且在2009年邀请我和工厂的技术总监去澳洲参观他的公司。

那一次的澳洲之行相当的愉快。愉快并不只是因为好吃好喝和美丽的异国风景,更主要的是因为在拜访期间,我认识了一位很可亲可爱的老头。这个老头是胖子老板的公司合伙人,两人差不多的年龄,不过他的生活可比胖子老头幸福悠闲得太多了。

用这个老头自己的话来形容,就是:当胖子老板在讨价还价时,他在享受澳洲的阳光;当胖子老板在办公室咆哮时,他在跟美丽的夫人漫步沙滩;当胖子老板疲于奔命,没有时间保养身体时,他则是在自己的庄园里慢跑健身。

离婚伤不起

听他说话的语气,似乎对于胖子老板这样拼命工作颇有些唏嘘感伤的意思。我则是在一旁腹诽:胖子老板明明已经过了退休的年龄,而且财力雄厚,完全可以像他一样享受阳光、沙滩和悠闲美好的夕阳红生活,是他自己放不下

这些碌碌营生,才会搞得自己这样累,是他自己的选择,怪不得别人;更重要的是,搞得我们这些小兵小将也很累很痛苦。我很婉转地以玩笑话的形式跟这个老头表示:其实,胖子老板也可以跟您一样享受生活,享受阳光和沙滩,还有漂亮夫人的陪伴,他完全没有必要每天都这么激动。而且,我们也实在很想有个轻松的工作环境。这个老头听了以后哈哈大笑,然后跟我说:"那我只能很遗憾地告诉你,恐怕你们暂时还不能摆脱他的beautiful language,因为他是不能后退的。"

之后,在我享用美味冰淇淋的同时,这个老头开始跟我讲述胖子老板比较传奇的一生。胖子老板是个脾气刚硬、性格坚韧的人。差不多50多年前,未满20岁的他独自一人离开故乡意大利,到澳洲淘金。经过辛勤的工作,当然,还有一些好运,他攒下了数额相当可观的财产,跻身为富人行列,并且在中央空调领域取得了相当高的地位。

这样英雄式的传奇故事听起来很过瘾,不过,实在是无法想象胖子老板年轻时那般英雄的风采,毕竟现在的他完全是一个暴躁老头的形象,毫无美感可言。原来,胖子老板之所以会变成这样,跟他经历过的2次失败婚姻有关。

澳洲的法律对于离异一方对另一方的赡养费有相当严苛的规定。胖子老板第一次离婚时,分割了相当一部分的财产给前妻,而且每月都要支付数目相当可观的赡养费给前妻和大女儿,因为前妻是一个全职太太,没有其他经济收入。所以,伴随着胖子老板第一次婚姻的失败,他的个人财产大幅缩水了。

几年以后,胖子老板的第二次婚姻再次失败,这次更惨,除了分割一部分资产给第二任太太,还需要每月支付赡养费给第二任妻子和两个女儿。当时为了给前妻凑赡养费和分手费,胖子老板把自己的庄园也卖了。没多久,胖子老板开始了他的第三段婚姻生活。没几年,他又离婚了。这下,他每年需要支付赡养费的对象变成了前三任太太和五个女儿,赡养费的数目不是一般的大呀。如果他不参与公司管理,只拿分红的话,会应付得很吃力。就这样,三次离婚让这个年少时大胆闯荡澳洲,并且赚来巨额财富的英雄式人物,在最应该享受生活的晚年时光,疲于工作。

第6章 理好婚姻这份财

尽管现在国内对赡养费的支付标准没有国外那么高，一般只是分割家庭共有财产，以及需要支付小孩子的抚养费，很少会要求男方在离异后继续按月支付赡养费给女方。但是个人认为，离婚依然是件让男女双方都伤不起的事情。

曾经在一本书上看到过这样一句话：婚姻可能是女人一生最大的财，也可能是女人一生最大的债。我想，不只是女人，男人也一样。婚姻生活幸福，我们自然会有足够的精神和动力去社会打拼，生活和工作自然就会蒸蒸日上。如果婚姻生活不幸，即使不离婚，双方也会抑郁不开心，自然也就没有心情在社会上打拼了；而一旦离婚，不仅伤心，更伤财。

且不说当初结婚时准备婚礼、装修新房的花费和心力都付诸流水，单是离婚后的财产分割和赡养纠纷就足够让人头疼的了。更不要说离异后小孩子的归属和以后的抚养都是需要妥善安排的。即使付了足够的抚养费，但是缺失的亲情、不完整的家庭对孩子造成的伤害是难以想象的。

不是最大的财就是最大的债

我们单位有一位系统工程师，本来是一个看起来相当精明强干的女性。正处于四十出头的黄金年龄，每天打扮得知性而时尚。而且，她的中央空调知识和CAD等等的操作都是在年轻时候自学成才的。除此之外，她有一个很能干的丈夫，是一家民营企业的老总，女儿也是很上进的女孩子，在我们城市最好的高中上学。

我特别佩服她，因为在她身上，我可以找到所有女性同胞应该具备的优点和品德：刻苦，上进，知性，时尚，热爱家庭，关爱女儿和丈夫。刚认识她的时候，特别特别羡慕她可以享有这样美满的生活。

但是，就在去年5月，一切都变了。刚开始的时候，其实我们这些同事并没有特别注意到她的变化，在我们看来，她也只是比以前安静了一点点，沉默了一点点。由于她设计好的空调系统方案都是她本人直接电邮给客户的，所以并没有人发现她工作上的异常。但是，客户开始投诉她，而且不止一个客户投诉她设计的系统风量或者冷量出差错。工厂高层复核了她近阶段的投标方案，

发现几乎每个方案都有或多或少的错误。

高层立刻跟她进行了谈话，面谈的内容当时我们并不知晓，只是她开始休长假。在她休假期间，她离异的消息传遍了工厂。原来，她的丈夫在外面包了二奶，而且已经维持了很长的一段时间，只不过她一直都没有发现。后来隐隐约约有风言风语传到她耳朵里，她开始特别留意丈夫的起居和行踪，结果发现自己心目中的好丈夫其实已经在外面彩旗飘飘很久了，她当然接受不了。她的丈夫倒是言辞凿凿地表示会离开情人，回归家庭。

可是，伤害一旦筑成，一切又该如何回归原点呢？对于一个女人，特别是一个独立坚强的女人，又该如何去原谅丈夫的出轨呢？她坚决地选择了离婚。尽管她很坚强，但是无论如何，离异对于一个中年女人来说，都是一个很大的挫折和苦痛。她一时难以走出伤痛，结果导致无心工作，频频出错。其实，最受伤的是她的女儿，成绩由名列前茅一下子就滑到了年级最末；女儿的老师不断地找家长谈话，找学生谈心，可惜的是，女孩子的心思已经随着这个曾经幸福美满的家庭散了，再也回不到当初的优异成绩了。而这个离异女人一下子就老了好多岁的感觉，变得很沉默，郁郁寡欢，因为她不仅要面对自己婚姻失败的现实，还常常陷入害了女儿的自责情绪中。人到中年，婚姻也转入平淡，很多人开始从婚外情寻找激情，可是这样的激情往往导致人们婚姻的破裂，一生中最大的破财也由此产生。

高成本的投资

不仅普通人离婚会损失惨重，就连富豪名人之流也是如此。这些富人们因为离婚而破的财，可能是他们一生中最大的支出了。曾经在一本文学杂志上读到过一篇描述德国总理施罗德与第三任记者妻子节俭生活的文章。我揣测作者写这篇文章的意图是为了赞扬施罗德贵为德国总理，却依然过着朴素而浪漫的生活。可是，我却不认为是他本性节俭。施罗德所做出的种种如请吃自助餐等的节俭行为只是因为他是一个不富裕的人。虽然德国总理的年薪丰厚，但是他离过两次婚，每年须支付给前两任妻子巨额的赡养费，导致他自己的生活费所剩无几——这才

第6章 理好婚姻这份财

是他只能过拮据日子的原因。一到周末，施罗德就只能开自己那辆老掉牙的大众汽车，因为他没有钱可以支付政府所配的高级防弹车在周末的租金！（德国政府的规定是政府配车仅限于工作日使用。周末使用，必须付租金。）

婚姻，或许成为我们一生当中最大的财，也或许成为我们一生中最大的债。所以，好好地经营婚姻这项投资吧，让婚姻成为我们一生中最成功的投资，而不是最大的破财。

专家点评：

从理财角度来说，离婚可以说是让你的财富最快增值或者缩水的便捷方式之一。我国法律规定，夫妻双方婚姻关系存续期间，一般情况下，所取得的财产属双方的共同财产；若离婚分割财产时，大多数情况下，双方应一人一半。故财富多的那一方在婚姻关系破裂时就非常有可能"劳民伤财"，所以这也是近几年离婚官司数量逐年上涨的重要原因之一。

话说回来，那是不是意味着高资产的人群一旦离婚资产就要大幅缩水呢？其实不然，我国法律还规定，夫妻双方婚前的个人财产属个人所有，不参与离婚时财产的分割，例如婚前购买的房产、汽车、存款，其他金融资产等都属于一方的个人财产。如果为了避免日后"劳燕分飞"时为财产"鱼死网破"，不如婚前拟定一份财产协议，可以约定哪些财产属于双方，哪部分财产属于个人，这也是时下最简单最有效的理财工具啦。

当然，值得注意的是：如果离婚是因一方的过错，受害方可以要求赔偿，或者可以在财产的分割上主张更多的权利。比如本文中提到的那位因丈夫"包二奶"而离婚的女工程师，可以在财产分割上要求多分，这点无论在法条和司法实践中都有据可查、有法可依。

婚姻是场赌注，是有风险的，但是我们要学会用法律和理财工具（公证、夫妻财产协议等）来尽可能地为婚姻保驾护航，尽可能地避免"钱伤"。

点评专家：韩莹 东方华尔国家理财理财师

新婚小夫妻的理财经

昵称：流浪漂泊者
年龄：29
职业：采购
薪水：月薪6000+

第6章 理好婚姻这份财

结婚是人生中的一件大事。有的人追求物质，会选择有钱人、"富二代"，情愿"在宝马车里哭，也不愿意在自行车后笑"；有的人选择爱情，不考虑物质；而有的人两者皆会兼顾。而我可能是介于第二种和第三种之间的人。

我和LG是一个大学的。2005年快毕业时，我们走在了一起，毕业后在离家乡很远的地方一起工作打拼。回首这几年来，有欢笑，有失落，有喜悦，有悲伤……

我是城里的姑娘，他家是农村的，我家条件比他家好，每个母亲都想自己的女儿能有一个好的归宿，所以一直以来，我俩的关系都遭到我妈的反对。中间由于各种原因，我们闹过也分过，可最后还是征得了我妈的同意，步入了婚姻的殿堂。

都说婚姻是爱情的坟墓，恋爱和婚姻是两个不同的阶段。恋爱时你只需要管好自己，也就是所谓的"一人吃饱，全家不管"。而结婚之后却是关系到两个家庭，整天就围着柴米油盐转，你的一言一行将会影响两个家庭的关系，你所在乎的也不再是彼此，而是家庭关系，更多地会顾及家里其他人的感受。

因为在一起很久了，LG也没向我求婚。2010年10月10日，是个很吉利的日子，我们相约在那天领证。领证之后就正式成为小夫妻了，不得不为两个人的共同生活而考虑。作为家庭的一份子，总归要有一点存款储蓄才能让人心里踏实，所谓防范于未然。而我，从毕业开始就一直很专注理财，经常浏览理财网页、论坛，积极参与理财论坛的活动，从中学到了不少的理财知识。我也相信：你不理财，财不理你。所以，自然而然会想到为我们的新婚小家做一个理财规划。

每个人遇到的实际情况会有所不同，我与大家分享一下从结婚到准备生子这一过程的切身理财经验，也许我的经验和规划并不是最好的，但是我乐于分享，能对大家有所帮助我也会觉得很欣慰。

我们都是现实中的人，摆脱不了世俗的礼节，况且结婚是人生大事之一，而且我也不愿意"裸婚"，我认为只要好好规划，就可以用最少的钱办最好的事情。拍婚纱照、购置婚戒、办婚礼一个都不能少，原本计划今年五一的蜜月

因为宝宝的到来，现在还未实现，只有等宝宝出生后再弥补了。

拍婚纱照如何省钱

  我们没有选择什么品牌的婚纱摄影公司，我们认为品牌公司价格高、顾客多，或许并不能提供贴心的服务，年轻人喜欢自由的风格，不受拘束，所以我们选择了现在最流行的网上团购。下单之前先了解相关服务，觉得能满足我们的需求才购买的。整个服务大致包括有：婚纱摄影全部是外景拍摄，外景地由我们自己选择，但是出去的相关费用均由我们自理，包括油费（车子他们提供）、门票费、出景时随从人员的餐费，服装提供3套，另自己可带一套情侣装，若穿他们的情侣装另收费，免费化妆，送假睫毛，并有化妆师全程跟踪，毛片全部给我们，一本结婚相册，入册的是24张，再另外精修6张，送一个相框，一张结婚海报，两张皮夹照，并承诺绝无其他任何额外支出。而我们先在网上交了定金之后，再选择一个日子去实体店具体面谈我们的要求。我们当时提出的要求是：把相册尺寸放大，另再加一套服装，一个刻有我俩婚纱照片的音乐盒，最后约定拍照的日期并签上合约。

  12月正是寒冷的季节，我们选择的外景地是泰晤士小镇，记得那天的风很大，可是日子已经约好，不方便更改，我们就只好哆嗦地顶着寒风拍照。和我们出行的有摄影师、化妆师及另一位助理。整个过程还是比较顺利，主要是听摄影师的指导，我和LG配合。拍下来的效果还不错，在返回的路上吃了一顿午餐。

  全程费用加完不超过2000元，在我们的预算范围之内。我的同学或朋友拍的婚纱照有好几本，我觉得没这个必要。因为大都只有刚拿到婚纱相册的时候很兴奋，喜欢与朋友或亲戚分享，过一段时间就压箱底。有了电子版的，等以后想什么时候再去做相册、相框都可以。我的想法是拍婚纱照其实是一种纪念，让我们记住人生中最美好的时刻，等许多年以后再翻开这些相册，更多的只是回忆。关于婚纱照这项支出我们控制得很好，建议货比三家，平时我们也参考了一些套餐，但是适合自己的才是最好的，也有人建议我们去婚博会上看看,我觉得像这些地方往往都是忽悠人的地方,而我们选择这个套餐是因为一方面它符合我们喜欢的自由风格,另一方面价格也很合算。

如何购买到心仪的婚戒

每个新娘都想有一颗属于自己的钻石婚戒,这是对爱情的向往,有人说婚戒就是将两个人套在一起,让彼此戒掉各自的坏习惯。关于买婚戒,当然是LG的工作。他经常在网上查看相关信息,九钻、钻石小鸟等品牌他都在关注,对于价格,我们的预算是7000~8000元。原本我们打算去钻石小鸟实体店里买钻戒的,让我们意外的是里面的人出其的多,需要排号等候,我们拿的号也不知道要排到何时,至少要排2个小时,先在店内看看展示的钻石对戒,可是都没有我们看中的。

正好对面有一家爱芙德品牌公司的店铺,也是销售婚戒的,由于我们对这个牌子不是很熟悉,LG就用手机上网查了下这家公司,发现是一家正规的公司,于是我们就直奔他家。一圈逛下来,我们俩都很中意其中一款钻石对戒,当时正在搞打折促销活动,折后价格3500元。戒指上还可以刻字,只能定做,要一个月后才能拿到。经过商量之后,我和LG决定购买这款对戒,比我们的预算省了很多,质量也有保证,一年之内凭保修卡可以免费修改一次大小。所以,选婚戒也要货比三家,当然首先要自己喜欢,其次再是看价格。

网上选购婚纱最省钱

每个女孩都想穿着最漂亮的婚纱成为婚礼当天最美丽的新娘,我也不例外。婚纱可以选择购置全新的,也可以买二手的或者去婚纱店里租婚纱。婚纱的价格从100元到上万元不等,可根据经济实力自由选择。我们认为婚纱也就一生中穿一次,LG打算在网上淘二手的,价格不等,从几十元到几百元的都有,还附赠许多配饰。后来,我在淘宝网上搜索,发现苏州有家专营婚纱的店铺,本来苏州的婚纱就很出名,查看买家评语也都不错,里面的婚纱品种也多、琳琅满目,我还是喜欢白色的婚纱,由于婚礼是在冬季举行,光穿婚纱会很冷，于是我考虑再加一个毛披肩。我认为婚纱只穿一次，买得太贵不划算，于是我选择了一款限时折扣的白色婚纱，价格99元，加上这个毛披肩及运费，总共花费135元。卖家发货速度也很快，当我收到货时，试穿了一下正好合身，还是比较满意的。所以，网购最省钱，足不出户就能挑选到既满意，价格又便宜的婚纱。

喜宴上穿的礼服商场打折时购买

现代人结婚都是准备好几套服装，不同的场合穿不同的衣服。我认为有两套就足够了：一套是正式婚礼仪式上穿，以婚纱为主；另一套就是婚宴上敬酒时穿。婚纱平时不能穿，但是礼服平时能穿啊！于是，我的目标是挑选一件婚宴上和平时生活中也能穿的礼服。

某天和LG去逛商场时，还真让我们找到了这么一件合适的衣服，颜色正好是红色、很喜庆，而且碰上店铺打折，买下来才花费270元。等我婚礼后也还能穿，是不是很实惠呢？

婚庆公司"一条龙"服务最省力、省钱

我是家里的独女，现在是我和母亲相依为命。母亲是个好强的人，她说一定要把我风风光光地嫁出去，所以婚礼是在女方举行的。由于我俩都在外地工作，所以婚礼的筹备都是妈妈去安排的。妈妈打听了好几家婚庆公司，最后还是托熟人敲定了一家。原本七八千元的水晶舞台婚礼，老板打了个折扣，花费5180元，另外婚车花费1100元。婚车总共有6辆，新娘和新郎车是敞篷式老爷车，后面跟了5辆车。婚礼当天，从迎娶新娘，到婚宴结束，婚庆公司都会全程陪同摄像，婚礼上的布置及仪式举行都由婚庆公司包办。当天的婚礼很热闹，当地的名牌主持人主持婚礼，婚礼开始之前给来宾播放我俩的照片，然后还请人来表演歌舞。当我妈妈把我交给新郎的时候，妈妈所说的言辞让在场所有的人都感动得热泪盈眶。接下来就是我和LG深情对唱、感谢父母、交换戒指、点蜡烛、倒香槟……

所有到场的来宾都很感动，整个婚礼很顺利、很隆重。而婚庆公司提供的服务也很周到，价格合理，这让我年过半百的妈妈省了不少力，通过熟人介绍也省了不少钱。

喜糖批发市场购买最划算

在老家办好婚礼之后，回到工作地还得给公司同事发喜糖，喜宴就免了。关于喜糖的采购，我们最后决定去小商品批发市场买。挑选的喜糖不能太贵、也不能太差。贵了经济实力不够，差了又拿不出手，所以我们的目标是选择经济实惠的。

到了批发市场，喜糖的品种实在是太多了。有包好的成品，也有半成品，需要自己动手再包装一下的。我们在批发市场里兜了一圈又一圈，为了节约成本，最终我们打算买散装喜糖和包装盒自己动手包装，最后喜糖选择的是德芙巧克力，一份里放6颗喜糖。我们两边的人加起来，总共买了300份，花费800元；因为有同事送礼金和礼品，我买了两包中华喜烟，花费90元，原本预算是1000元，最后都在预算控制范围之内。

这一系列过程之后，我们就开始正式平淡的婚姻生活了。婚前、婚后的理财肯定会不一样。

怎么样才能让新婚小夫妻过上好日子，又能存上钱呢？

我的理财观念是该用的地方用，不该用的地方绝不浪费。

坚持记账，了解资金流向。

每月LG都会交部分钱让我管理。我一般都会在活期账户里留4～6K左右，保持家庭的日常开销。

房租虽然是每三个月缴纳一次，但是每月最好把房租的钱留出来，购买货币基金，收益比三个月定期要强。

多余的闲钱我喜欢买基金，有时申购基金，有时认购新基金。

由于购买的房子是出租出去的，房租和房贷差不多，所以对我们夫妻俩来

说没有任何压力。

在打算要小宝宝开始，我就给他定投了一份基金。

关于保险，我只投了意外险，保费325元一年，也没多大压力，可能以后还会补充重大疾病险。

一般来说，除了日常开支，到了年底，我和老公都有奖金，能存上一笔钱，而平常若有多余的闲钱我基本就做基金投资。我认为基金是最适合工薪族或者是懒人的理财方式。

综上所述，这些都是我的一些理财经验分享，从结婚物资采购，到柴米油盐酱醋茶的新婚生活，都是需要钱的，关键是看你如何去打理经营，往往在生活中，只要多留心，就会发现一些小窍门，让我们花的钱少，生活却越来越美好。

专家点评：

从本案例中，我们可以看出这位女士很注重生活点滴的节省，储蓄能力比较强，她的家庭财务状况目前也比较安全，为婚后的家庭生活打下了基础。

但是在她的理财计划中，忽视了保险保障这个环节。全家目前仅有一份意外险，远远不能应对可能出现的意外事件和风险。首先，他们夫妻都是刚参加工作不久，事业都处于初创期，存在着失业的风险；其次，他们双方的家庭条件都不是很好，都需要他们的支持。比如这位女士，是独生女，与母亲相依为命，赡养母亲是她责无旁贷的任务；而且，不久的将来，他们将有个小宝宝，也将产生大量的教育费、医疗费的支出。这些因素都要求他们夫妻要更好地保障自己，避免风险，减少意外事件的发生对家庭造成的不利影响，才能使整个家庭生活更安全，更幸福。

为家庭制订保险保障时，首先应遵循"双十原则"，即年保费支出以年税后收入的10%为限；保额以年税后收入的10倍为宜。像这位女士的家庭，年保费应在7200元左右，合计保额在72000元左右，比较适宜。保费、保额的分配比例要与对家庭收入贡献相匹配，在保险中优先保障对家庭收入贡献大的一方的原则。像这种新婚家庭，夫妻双方对家庭收入的贡献大体平均，保费和保额的分配可以考虑五五制；如果将来有了小宝宝，夫妻收入也产生了较大的差异时，可以考虑6∶3∶1的比例，即收入最多的一方占60%，另一方占30%，小孩的保费和保额占10%。

在产品选择时，他们夫妻可以考虑寿险、健康险和意外险；将来为了小宝宝，还可以考虑健康险、意外险和子女教育保险。也可以考虑全家福性的综合项目，可能会节省些费用或者得到一些其他优惠。

点评专家：陈南　东方华尔学员　高级理财规划师学员

依博罗阀门（北京）有限公司财务部财务会计

你不是我的梦中穷人，婚姻就是一场投资

昵称：Linda
年龄：28未嫁
职业：IT
薪水：月薪5000元

第6章 理好婚姻这份财

巴菲特说：结婚才是人生最大的投资，我年轻的时候曾与我们州最漂亮的女孩约会，但最后没有成功。我听说她后来离过三次婚，如果我们当时真在一起，我都无法想象未来会怎么样。所以，其实你人生中最重要的决定是跟什么人结婚，在选择伴侣上如果你错了，将让你损失很多，而且，损失不仅仅是金钱上的。

婚姻其实就是一场投资

许多人都说婚姻是以爱情为主的，我觉得那是文学家的浪漫和一时冲动。我认为婚姻从来都是以经济为基础的，至少也是经济放在首位的。

找一位财力和社会地位比自己高的人做伴侣，通过婚姻改变自己的命运甚至是自己家庭的命运，这样的观念古今中外都有。不管是古代人讲究的"门当户对"还是现代的"男财女貌"，其实说的都是"钱"的事儿。

谁不想通过婚姻来改变现状？要不然为什么所有的偶像剧都喜欢拍灰姑娘和王子的事情？为什么这样的题材都会经久不衰让我们津津乐道？别装了！其实我们每个人心里都有一个关于"cinderella的幻想"，只是要看你有没有运气坚持到你们的王子出现。

婚姻是人一生中最大的一笔"投资"，它有可能带来收益最大化，让野鸡变凤凰。婚姻是每个人改变自己命运的手段和希望。

有人把婚姻比喻为女人的第二次投胎，这种说法虽然有点夸张，但是不无道理。岂止是女人，就是男性，又有几个不想找个有实力的老婆让自己少奋斗10年的。我觉得我的婚姻至少要在事业、财富、修为、人际上能让自己有所提高这才是投资成功的婚姻。如果没有遇到好的投资方，我宁愿不嫁，因为嫁出去以后一平均你会发现自己的生活质量其实是下降了，那当个剩女又何妨呢？

宁做惊鸿一剩女

对！我28岁了，还没嫁出去，我也渴望有一个美满的婚姻，可是没有遇到合适的，既然都剩下了，那么就更加宁缺勿滥了。有人说剩女是"矫情"出来的，而且还列举了诸多的例子，世上男人这么多，标准放低一点，随便找一个就能结婚了。我勒个去，那些说法没一个真"客观"。

说实话，就算剩女真是矫情出来的，那你想过剩女们为什么矫情么？大部分剩女其实都还高学历，长相不丑，怎么就被剩下了呢？

首先是上大学耽误了适婚年龄：都读到大学毕业，甚至研究生毕业，一出校门就年纪不小了。错过了女人最细皮嫩肉惹人怜爱的年龄。中国的大部分家长都是上学时候千万不能谈恋爱（我家里甚至到大学都不准谈），刚大学毕业两三年就想马上找个人结婚。一个从来没有拿过枪的士兵，忽然就要上战场，还非得抓个各方面条件都不错的俘虏回来，怎么可能？

所以我们不能像没上过学的郭MM那样才20就给人生一孩子先放着，你可以不要我，但是你得要孩子呀。

其次，同年的男人要么不成熟不独立，要么就挑到天上去了。你看张柏芝、贾静雯这样的仙女们都被婆婆挑剔，何况我们一般人呢？最近我一直在看一部电视剧叫《裸婚》，里面的女主角菲菲，外企白领，要样貌有样貌，要修养有修养，本地人。她处的对象叫刘洋，说条件还不如菲菲，赚的还没有女的多。没房没车，样貌也就一般人。菲菲也不贪图什么，愿意和刘洋裸婚，结果刘洋的妈妈还嫌别人这个嫌别人那个。你说我们这些还不在外企、非本地的女孩怎么能不剩下？

再次，年龄大点的好的男人已经是别人的老公，我们不能去抢呀：咱们大部分剩女都是喝了好些年墨水，受了上下5000年文化熏陶起来的，怎么说也算是"知识青年"吧？因此需要顾及一点所谓的礼仪廉耻，不能学着李大美人赶走正室转正吧。那就只能当工作狂了，生活圈子小朋友都是MM，怎么嫁得出去？

为什么不嫁穷小子？

看到这里估计就有些人会说了，找个穷小子嫁了呗！是啊，说得好听，可你怎么不找个丑姑娘娶了呢？对于我这样剩女MM们来说，既然已经剩下了，就更不能轻易地把自己给嫁出去，特别是那些天天在论坛嗷嗷乱叫的"穷小子"。嫁给穷小子保证你们后悔一辈子！张艺谋都知道，这人类要想往下延续，那就得最优等的个体相结合。但是"穷小子"这个群体能算得上优等个体么？先别说其他的，穷小子们大多身体不优，从小生长在不富足的家庭，营养就成问题。他们大多住在卫生条件极差的城中村，合租房，天天对着破电脑，边搓脚丫子边吃泡面，要不就是找个用地沟油做菜的小馆子几个人聚在一起抽烟喝酒，至少我不觉得他们的身体能"优"到哪儿去。许多有钱老男人的身体的确不行，但是现如今的这些穷小子们的健康状况恐怕也是一塌糊涂的。有钱人至少还可以补，还有钱治病，穷男人到中年一身病，除了拖累家人之外，还能怎么样？

穷男都是潜力股么？

"穷小子"喜欢标榜自己是潜力股，姐在这里劝MM们也擦亮眼睛：天下哪有那么多潜力股？富翁高官就那么多，是那些人脉广泛的富家子弟更容易成功还是穷男更容易成功也是显而易见的。"穷男"都梦想着自己能成领导成大款，挤破脑袋又能有几个真能修成正果的？何况，那些真有潜力的，别的女孩就看不出来？会给咱们这些剩女留下？

我的一个表姐就是很好的例子，表姐上大学那时候也算是当时的班花吧，好多人追，然后呢，她就选了一个从小县城来的眉清目秀的班长，可谓是大学里典型的才子佳人让人羡慕的一对。

当时我们姑妈就不同意。但是表姐认为他是潜力股，在大学里面又是班长，能力不错。于是想方设法说服姑妈，两人结婚了。然而婚姻毕竟是柴米油盐的事情，每件事情都和钱相关。才子和佳人也要面对现实。

两人家里都是一般人，男方更是连父亲都去世了，妈妈一个人打工为生。没有钱给他们买房子，于是两人真的是没有办法"裸婚"，在城中村租了一个一室一厅，婆婆跟着他们过日子。表姐夫这个潜力股在中国这个潜力股拥挤的人才市场并没有谋得一个好职位，最后落到中关村的某站做IT民工，每月拿着不到5000的收入。表姐也只在一个不知名的小杂志做编辑。天

天靠给外面接私活码字为生。两人天天累得和狗一样,但是日子还过得紧巴巴的,经常为了钱吵架,结婚5年表姐一下老了好多,谁也不知道她曾经是班花的事。现在他们也没好多少,连孩子都不敢要,每次表姐看到我都警告我说:"千万不要学我,这个社会潜力股太多了,只要还在潜着的就有可能永远都浮不出水面了。"

不要说自己没有遇到伯乐,不要说社会不给你空间

许多被剩下但是又不愿意下嫁穷小子的女孩很大一部分原因恐怕还不只是因为他们穷,更多的是因为他们"酸","穷酸"二字为什么经常被人一起用那是有道理的。穷人拥有的东西本来就很少,所以你随便拿走一点可能就会影响他们的生计,于是就会和你拼命,不是他们不想"给予",是因为他们"给不起"。我曾经看《赢在中国》里面有一期俞敏洪的点评,我到现在都记得:"当你还是一棵小草的时候,别人从你身上走过或者踩过都没有办法。但是当你是一棵大树的时候,没有谁能忽视你的存在,并且还能施舍别人到你的树荫下乘凉。"

当然,你可能会说我的基因就是一颗小草。我无法成为一个大树。很多人穷的原因其实是自身的素质决定的。并不是这个社会多么不公平导致你变成穷人。当然这个社会确实也在很多地方不公平,但是比起以前封建时代还是公平了不少。要不然怎么会有马云这样没家底没长相的人出来呢?你为什么就不行呢?

因为很多人穷是有共性的:为人不厚道,斤斤计较,朋友少,不思进取,破罐子破摔,最擅长的就是在网上骂街,网上是老虎,现实生活中就是老鼠。估计看了我的文字肯定是要出来谩骂的。然后找一些诸如"N代前你家也是穷人""天将降大任必先苦其心志"这样的话来说明我在扯淡。首先说我也不是富人,普通的家庭,但是作为一个男人,你如果安贫乐道你就去,也不要非拉着你的女人垫背不是?我实在看不出"天"有什么"大任"要"降"给你们这些穷男的。

我有个"闺蜜",大学一毕业就和学校里交往的外地男朋友分了。她也没有嫁人,就是自己一个人过日子,做了个自由自在的小白领。她让家里给了个

首付,自己在浦东买了个90平的房子。3年后,再看看她当时甩掉的小男友,还在到处跳槽,每天盘算着地铁费怎么这么贵。我们不得不说,她是明智的。谁说女人就一定要结婚呀?剩女又怎么了?一人过不比多个包袱更好么?

写到最后,给"剩女"姐妹们来一段励志的:宁作惊鸿一剩女,勿嫁尘世穷苦男,既然剩下了就绝对不要将就。27岁以上的剩女一点都不要着急,看看她们:大S,36岁,嫁入豪门;李嘉欣,39岁,嫁入豪门;刘嘉玲,43岁,嫁给影帝;女作家铁凝,53岁,嫁给校长。所以我们着急什么呢?非要学翁小姐28岁嫁给82岁的老爷爷么?好好照顾自己,好好工作,好好理财,稳固自己的社会地位,这才是王道。

专家点评:

该案例充分展现了现代未嫁女Linda的"超现实主义"观点:"婚姻就是一场投资"。我这里所说的超现实当然不是指超越现实,而是指超级现实。对于主人公Linda来说,婚姻中物质生活的比重要远远大于感情生活的比重,由此可见她更注重男方的"硬件条件",而基本上忽略了"软件条件"。只有金钱的婚姻一定就会幸福和长久么?我认为也不尽然!

从理财的角度来说,注重生活质量,保证财富的保值与增长,扩展个人和家庭的发展空间,最终达到财务自由是家庭理财规划的目标。但是,并不是说作为女士找个富男就能解决的,毕竟现存的富男有限,在当下美女比比皆是的时代,哪位又能够说自己是"最"能吸引富男的那一枝"郁金香"呢?我想文章中的大S不会说"是",李嘉欣也不会,刘嘉玲更不会,因为"最"代表的是唯一。那么作为一名普通的美丽女孩应该怎样看待婚姻投资呢?下边我们用理财师的观点来为案例中的美女提个小建议作为参考:

我们首先需要认识婚姻的真谛是什么,是两个人因相知而相爱,因相爱而组建家庭,哺育爱情结晶的过程。这里的相知是婚姻的大前提,就是要有共同的价值观,因为共同的价值观,夫妇双方才能对同一事物有共同的看法与理

解，并制订合理的家庭理财规划方案。通过持续的经营来创建幸福美满的家庭。这里的经营包括物质和精神两个方面：对于物质方面经营，需要的是合理的理财规划，首先是对日常生活的现金规划，不论家庭富有或是贫困，都要有一个合理的日常开支规划，在保证正常生活的基础之上进行合理的教育、养老、投资等方面的规划，逐渐由保证财务安全提高到财务自由的层次；对于感情上的经营，需要双方的互相爱护与关心，互相鼓励与包容，让两个人的感情更加的融洽。而这两者之中只有满足了精神方面的经营需求后，才能良好地进行物质方面的经营，因为一对没有共同价值观的男女是无法达成共同的理财规划方案的。

不可否认，婚姻确实是一场投资，但不只是超现实的金钱投资，更是感情上的投资。因此一对有共同志向的男女为家庭的财务自由而不断奋斗所进行的感情投资才是婚姻理财的核心。正所谓：

愤然顿悟情是空，

恨嫁富贵谁心动。

若要寻得如意郎，

莫将贫富论英雄！

点评专家：张宇 东方华尔国家理财规划师

附录一 点评机构专家介绍

东方华尔介绍：

北京东方华尔金融咨询有限责任公司是国内领先的从事财富管理的专业研究与教育培训机构，分支机构遍布全国个主要城市。目前，国家职业技能鉴定专家委员会理财规划师专业文员会秘书处就设在东方华尔。

2003年受国家相关部门委托，东方华尔成为国家理财规划师职业资格认证的设计者和标准制定者，参与组织编撰了理财规划师职业资格标准及相关全部教材。同期编撰的还包括证券投资顾问课程等教材，并为国内多家知名媒体的理财栏目提供技术与策略支持。

东方华尔本着成为中国最顶尖金融培训专业机构，并打造中国最具规模的综合财富管理服务平台的目标，不断提升研发能力，开拓核心产品，为金融机构及金融从业人员提供各类在职培训。如国家理财规划师职业资格认证、证券投资顾问培训、银行理财实物培训、寿险理财实物培训、金融机构培训产品定制等。

上排：左一 杜鹏 左二 宋伟民
下排：左一 刘耀华 左二 韩莹 左三 史慧 左四 张宇（排名不分先后）

附录二　家庭财富健康体检表

 测试你对理财认识的误区：

下列对理财的诠释您认为哪一条最为贴切（　）

A. 无论是买股票还是买基金买保险都是理财，因此理财就是根据宏观经济状况，个人的财务状况以及个人的理财特长等科学地安排股票，基金，存款，保险等金融资产的比重。

B. 所谓大富由天，小富由俭，理财离不开勤俭持家，只有注重家庭开支的节流才能实现财富的积累，因此理财最重要的就是注重培养"勤俭"的禀性。

C. 财务安全是个人以及家庭理财的基础目标之一，因此"负债消费"与科学理财相违背。

D. 理财包含的范围较广，笼统的来说凡是与"财"相关的理性活动都是理财。

解析：

A 选项误将理财等同于投资，买股票，基金甚至买房子都属于理财，但是理财绝不仅仅是安排这些投资工具的比重，可以说投资是理财的一部分而非全部。

B 选项过分强调勤俭与积累，也有错，适当的勤俭与积累属于科学的理财的范畴，但是过分强调这一点，将"俭"混同于"吝啬"就不属于理财的概念了，因为我们理财的目的是倡导科学的生活方式，如果为了财富的积累而牺牲掉生活品质就本末倒置了。

C 财务安全是一个基础的理财目标，但是适当地运用财务杠杆达到我们的理财目标仍属于科学理财，我们倡导财务安全但是也提倡科学负债。

D 此选项概括得较笼统，但却是理财的恰当解释。

 测试你理财心理误区：

1. 假设你现在想要购买一条牛仔裤，当你走进A商店的时候看到一条牛仔裤的标价为120元，这时一位顾客同样看到这条裤子并且说道："太贵了，几条街外的B商店才卖100元。"这时你会去B商店吗？

2. 假设你现在想要购买一款大屏幕的液晶电视，当你走进A商店的时候看到一款液晶电视的标价为：30020元，而你知道几条街外的B商店同样的商品价格为：30000元。这时你会去B商店吗？

解析：

调查结果显示：大多数人在第一种情况下会到几条街外的B商店去买牛仔裤，而在第二种情况中，也就是液晶电视的例子中，却很少有人跨过几条街去买电视。同样是20块钱，为什么第一种情况与第二种情况差别会这么大？这在心理学中属于一种锚定现象，20元与30000元比较会显得比重较小，而与100元相比则显得不是那么小，所以越是当我们购买大额商品时，就越要避免由于价格锚定而带来的不必要消费。举例来说，当你购买一双价格为1500元的皮鞋时，售货员往往会给你推荐各种其他附加商品，比如"皮鞋防护液"等，由于推荐品与你购买的商品存在较大的差值，所以会被我们忽略从而带来一些不必要的开支。

测试你对消费价格认识的误区

1. 假设你在就餐，当你点饮料时服务员给了一张饮料的报价单，其中A价格 20元；B价格 25元；C价格 40元；D价格50元。你会选择：（ ）

2. 同样当你就餐时，服务员给你的饮料报价单为：A 18元；B 20元；C 25元；D 40元，这时你会选择（ ）

解析：

根据统计，当真实情况发生时，超过4成的人在第一种情况下会选择B，即25元的饮料，而当服务员提交第二份报价单时，选择最多的选项会是20元的饮料。

为什么第一份报价单与第二份报价单都有20元与25元的报价，而我们在看第一份报价单会选择25元的饮料，而在看到第二份报价单时却选择20元的饮料呢？这同样是价格锚定在起作用，第一份报价单中25元是一个不高但不是最低的价格，而在第二份报价单中20元同样也是一个不高但也不是最低的价格。商家在价单的制定的时候，早就运用了价格锚定的心理因素，所以我们在消费时要尽量避免掉入商家的这种报价陷阱。

附录三　一轩明月常去网赚的网站

（本推荐只代表达人个人观点）

　一、相关的问卷调查网站

1. 问卷星（www.sojump.com）：调查很多，积分累积很快，可用支付宝兑现，支付很及时。

2. 积沙成塔（www.jisha.cn）：每天只要在线就可得一毛钱，参加调查问卷另付费，支付方式多样，可快钱，也直接用银行卡。

3. 民意中国（www.minyi.com）：调查问卷较多，但领取酬金比较麻烦。

　二、可以领取赠品的网站

1. 优惠多（www.bbs.youhuiduo.net）：仅限广州、深圳、武汉、西安、东莞等大城市，在乐购等大超市有兑换点，积分换礼很合算，礼品很丰富。

2. 大旗网（www.try.daqi.net）：通过转发等方式可获取积分，积分可兑换奖品。活动很多，积分也很容易。

　三、可以领取各类券的网站：

1. 易购（http://www.egou.com/）：中国最早最大的返利网站，通过网上购物可获得返利（可直接兑换成人民币），还会不定期发布各知名购物网站的海量优惠券。

2. 支付宝微客（https://weike.alipay.com/）：可以非常低的价格（0.1～0.5元）购买各知名购物网站及淘宝商城的券。

3. 买东西（http://www.maidongxi.com）：国内最专业的优惠券、返利平台，可享受"领优惠券-拿返利-晒单拿积分-积分兑换奖品"一站式网购服务。网购后去论坛晒单就可以获得大量麦芽，麦芽可以直接兑换移动联通电信的话费。

4. 享优惠（http://xiangyouhui.net/coupon/browse）：可用新浪微博直接登录，免费领取海量优惠券。

5. 360团购导航（http://tuan.360.cn/?do=haocoupon）：可领取某些团购网站的无限

制券,每位用户每天限领一张券。

6. 人人折(http://www.renrenzhe.com):每个工作日14点的秒杀都可以非常低的积分抢到知名团购网站的无限制券;每天登录及论坛发帖都送积分,积分可换团购网站的券及实物。

四、可以少付钱甚至0元单的网站:

1. 走秀网(http://www.xiu.com):全场免运费,有公用的15块无限制券,购物金额超过1块即可使用。如一款内衣走秀价是12块,用15块无限制券可全额抵扣,用这种方式,可以用0元买到许多心仪的产品。

2. 梦芭莎(http://www.moonbasa.com):全场免运费,而且梦芭莎在很多网站都发布了15块的无限制券,购物金额超过1块即可使用。如一款拖鞋梦芭莎价是15块,用15块无限制券可全额抵扣,0元可得。也可以用这种方法来减少付款额度。

3. 微客支付宝(https://weike.alipay.com):这是个类似团购的网站,有各类网购网站的优惠券。在上面用5毛钱就可以购买50块百思寒红包,且红包在相同帐户里可以叠加使用。也就是说,你想买150块的东西,你就以1.5块的价格购买3个红包然后充进你的同一个支付宝帐户,最后以红包支付货款即可。所以,百思寒标价390块的商品,你实际只需支付4块购买红包的钱。同理,其他网站的商品也可以用这种抢购优惠券的方法得到。

附录四 北上广代驾（酒吧）地图

TIPS：

我简单总结了下北上广三地的酒吧分布情况，既是白领们的休闲享乐地图也算是一张简单的代驾地图吧。其他地方的朋友，也可以把你们当地的代驾地图做出来，让大家分享一下。

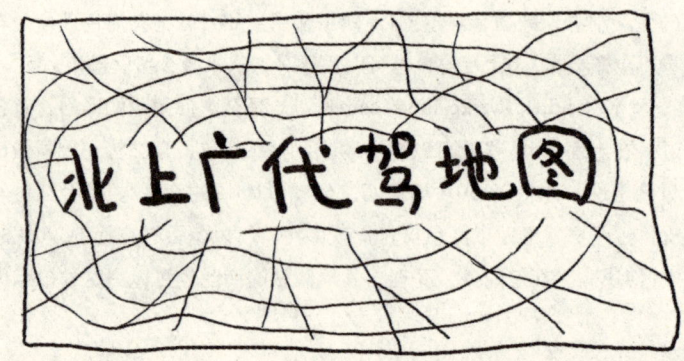

北京的酒吧我经常去：

1. 三里屯是酒吧最为集中的地方之一，也是代驾生意最好的地方。北街有地平线、男孩女孩、米兰俱乐部、简单日子、兰桂坊、NO52、豹豪；JAZZ-YA，X-CROSS，非话廊；南街：明大咖啡、乡谣、隐蔽的树、芥末坊、河吧、生于70年代、阿苏卡等。

2. 工体南门：哈瓦那、VICS、MAX、芝华士飞来吧、甲55号、幸福花园、渡金湖、橙街、9号，上下线。

3. 朝阳公园：快乐站，LATINOS，热度，TONYBAR，苏茜黄；

4. 东三环：阿丽雅西餐厅二楼酒吧；亮马大厦的"绿酒吧"；农展馆边的CD酒吧，永安宾馆的靠谱音乐餐吧。

5. 魏公村：清华南门小区的盒子咖啡，电影学院北边的黄亭子酒吧，服装学院边

的豪运酒吧，动物园附近的海帆；首体的栗正酒吧、今晚八点、民谣酒吧。理工大学南门、魏公村一带名气最大的是的雕刻时光，其他有梦旅人、安卓儿、樱桃时节、霓裳、磨岩、茵豪、七月七日晴、冰雹等。

6. 什刹海：老白的吧、老祁的吧、左岸、后海酒吧、桥吧、后海情酒吧等，南锣鼓巷的行走主题酒吧"过客"。

上海酒吧是朋友提供的：

上海的酒吧很多，比较有特色的酒吧有：

1. 茂名南路180号的babyface、酒吧兼DISCO吧的巴比隆（Babyion）；
2. 思南路有现场音乐表演DNA的Lai Bar，复兴公园内右转是官邸；
3. 南京东路505号是德国乡村风味的505啤酒吧，先施大厦12楼是顶层画廊；
4. 布那咖啡（Boonna cafe）早上是咖啡座，晚上是小酒吧，一杯咖啡才10元，还提供免费上网。在新乐路88号。
5. 上海第一家葡萄酒吧Bonne Sante，在济南路8号；
6. 九重天是世界最高的酒吧，在浦东世纪大道2号金茂凯悦大酒店87楼；
7. 百老汇是上海滩最后的百老汇残迹，上海北苏州河路20号上海大厦底楼；
8. M-BOX是上海少有的午夜12点钟前打烊的酒吧，在淮海中路1325号；MAZZO却是上海为数不多的通宵达旦的酒吧，在青海路46号；
9. ASHANTIDQME在原东正教堂里开酒吧，似乎全世界也仅此一家，皋兰路16号。

广州酒吧是我的客户常常提到的归纳出来的：

广州的酒吧太多，只能列举一些比较有些特色的，希望广州的朋友补充分享：

1. 加州吧：在广州淘金北路正平中街2号101，供应各种美食；
2. 广州市森林广场酒吧：广州市滨江东路738号，有许多特色小吃、冷饮和卡拉OK；
3. 音乐天堂：广州东山区农林下路竹丝岗二马路43号，有私家花园BBQ，各国酒庄红酒、洋酒、鸡尾酒，还有手磨香浓的花式咖啡；
4. 360度：位于淘金路60号1楼，酒品很实惠；
5. 大象堡酒吧（ELEPHANT & CASTLE PUB）：环市东路363号，供应各种酒品和小食品；
6. 老街吧：淘金北路6号二楼，有各类啤酒、汽水和生啤。

附录五 北上广钱币交易回收地图

本书编辑让我收集了北上广三个地方的,其余地方的读者也可以到当地的古玩市场,钱币市场都可以的哦!

 上海我最熟悉:

1. 云洲古玩城:大木桥路88号云洲商厦。
2. 东台路古玩市场:是一家比较老的市场,位于东台路和浏河路口,唱主角的是各个年代的陶瓷器铜器锡器玉器竹器木器书画等工艺品等。
3. 城隍庙的华宝楼古玩市场:方浜路265号地下室。
4. 方浜路河南路口珍宝馆及藏宝楼:是主要经营老东西的地方,特别是藏宝楼的四楼,每星期六的清晨从4点开始就有经营老东西的外地人来此摆摊。
5. 南京西路的奇石古玩城:星期五一天有摆地摊的。
6. 南京路乌鲁木齐路的静安寺。
7. 太康路思南路上的太康古玩市场。
8. 金陵东路江西路上的上海友谊商店。
9. 民间文物市场 地处老北门福佑路,是一个多方位的地摊集市,周六、日两天摊位可达400多个。

 北京是听表哥说的:

1. 爱家国际收藏品市场:位于北三环大钟寺附近,这里的二楼北端大部分都是以前马甸集邮市场搬过来的,种类挺多,应该够你选择的了。
2. 潘家园旧货市场:位于东三环潘家园桥西南角,每逢周六日是市场最热闹的时候,你进市场后一直走到南端,那里有旧书一条街,其中也有好多卖钱币的,或者是西楼的二层,也有挺多的。
3. 分钟寺古典家具市场:位于南三环分钟寺,华润万家超市南行100米,三楼大部分商户都是卖这些的。

4. 琉璃厂：位于宣武区和平门南侧，街两边有好多店铺都是。

 广州不太清楚，是在网上查的：

1. 广州西关古玩城：坐落于龙津西路泮溪酒家旁，由于文化渊源和常驻有一些颇有实力的、活跃于国内及港澳古玩界、拍卖界的古玩商，因而兴旺不已。在这里也常能看到一些珍品级的好东西出现。
2. 源胜陶瓷玉器工艺街：位于荔湾区带河路源胜街，经营古玩钱币，古旧家私、奇珍异石等。
3. 清平古玩钱币市场：位于荔湾区清平路。主要经营古玩杂项、古旧钱币、奇珍异石等。
4. 华瀚古玩玉器商场：位于荔湾区带河路185号。主要经营古旧钱币、古旧陶瓷、文房四宝、字画杂项等。

❖ 白领日记系列是当代中国出版社与MSN中文网、搜狐、携程、世纪佳缘等各大门户网站联合打造的一系列亲民时尚书籍。

❖ 系列主题：积极生活的白领！

❖ 内容：书中内容分季编辑，每季一个话题，当下的热点对白领生活的影响。

❖ 出书周期：每年出2～3本。

接下来陆续上市的系列书籍有：

《白领理财日记》系列

《白领装修日记》系列

《白领情感日记》系列

《白领旅行日记》系列

以及白领解压绘本《一个人上北京》系列

请大家继续关注本系列书籍。

白领编辑部其他好书

《装修前不看会哭的50堂课》

搜狐家居装修强人倾囊相授

家装公司最不想告诉你的房产装修经

❖ 超实用装修日记系列丛书开山之作
❖ 国内最专业的家居频道搜狐焦点装修大学强帖
❖ 第一本真正教你避开装修误区和雷区

著者：搜狐家居 主编
开本：16开，页码：240
定价：36.00元
上架建议：畅销/生活/家居

九月上市

亲爱的读者您好：

凡从地面渠道购买本书即可获得一次理财专家一对一的理财咨询！

姓名：	职业：	年龄：

邮箱：（很重要，我们的专家答复会直接回复到邮箱）

电话：

您家庭(个人)每月收入和支出细分情况

月工资收入：

非工资收入(包括哪些收入)：

支出项目

衣：	食：	住：	行：

人际：	其他(包括哪些支出)：

参与何种理财项目：

副业：	理财产品：

您的理财期望（比如5年内想要一套价值100万的房子，以目前的状况我该怎么理财）：

您希望书中哪位专家给您做咨询？（如果没有特别倾向我们将随机安排）

具体家庭情况补充说明（如果页面不够可自行添加纸张）：

将本页裁切下来邮寄回本社（北京市西城区地安门西大街旌勇8号当代中国出版社323室，白领编辑部 010—66572353）